甘肃太子山国家级自然保护区
大型真菌图鉴

郭鹏辉　著

中国科学技术出版社
·北　京·

图书在版编目（CIP）数据

甘肃太子山国家级自然保护区大型真菌图鉴 / 郭鹏
辉著. -- 北京：中国科学技术出版社，2024. 9.
-- ISBN 978-7-5236-0966-8

Ⅰ. Q949.320.8-64

中国国家版本馆 CIP 数据核字第 2024QU9704 号

策划编辑	徐世新	责任编辑	向仁军
封面设计	麦莫瑞文化	版式设计	麦莫瑞文化
责任校对	张晓莉	责任印制	李晓霖

出　　版	中国科学技术出版社
发　　行	中国科学技术出版社有限公司
地　　址	北京市海淀区中关村南大街 16 号
邮　　编	100081
发行电话	010-62173865
传　　真	010-62173081
网　　址	http：//www.cspbooks.com.cn

开　　本	880mm×1230mm 1/32
字　　数	123 千字
印　　张	5.375
版　　次	2024 年 9 月第 1 版
印　　次	2024 年 9 月第 1 次印刷
印　　刷	河北鑫玉鸿程印刷有限公司
书　　号	ISBN 978-7-5236-0966-8/Q·281
定　　价	99.00 元

项目基金

甘肃省科技计划项目（23CXNA0045）

甘肃省高校青年博士支持项目（2023QB-002）

兰州市人才创新项目（2023-RC-47）

西北民族大学中央高校基本科研业务费项目（31920230027，31920220025，31920240048）

西北民族大学校级科研创新团队项目

　　"黄河宁、天下平"，治理黄河历来是治国安邦的大事。党的十八大以来，以习近平同志为核心的党中央高度重视黄河流域生态保护和经济社会发展。2019 年 8 月，习近平总书记亲临甘肃视察，第一次提出要共同抓好大保护，协同推进大治理，推动黄河流域高质量发展，让黄河成为造福人民的幸福河，并要求甘肃负起责任，抓好黄河上游水土保持和污染防治工作，突出甘南黄河上游水源涵养区和陇中陇东黄土高原区水土治理两大重点，坚决防止生态恶化，为黄河生态治理保护作出应有贡献。2019 年 9 月，习近平总书记在郑州主持召开黄河流域生态保护和高质量发展座谈会并发表重要讲话，明确将黄河流域生态保护和高质量发展上升为重大国家战略。2021 年 10 月，中共中央、国务院印发了《黄河流域生态保护和高质量发展规划纲要》，分别从发展背景、总体要求、加强上游水源涵养能力建设等方面，系统地给出了当前和今后一个时期黄河流域生态保护和高质量发展的总体要求和建设方案。

　　黄河源头到内蒙古自治区的河口镇之间被称为黄河上游，河道总长 3741.6 千米，占黄河河道总长的 68.5%，流域面积 42.8 万平方千米，占全河流域面积的 53.8%。黄河流域历来为多民族聚居的地区，主要有汉族、回族、藏族、蒙古族、东乡族、土族、撒拉族、保安族等民族，其中少数民族集中分布在黄河上游地区，占人口总数的 10% 左右。黄河上游流域部分地区水利条件好、土壤肥沃、粮食产量高，是我国重要的商品粮基地，且其得天独厚的地理位置和优越的自然资源形成了我国重要的畜牧业生产基地。黄河上游地区旅游资源丰富，自然风光十分壮丽，民族文化历史悠久，独具风格，与国家黄河流域生态环境保护以及高质量发展战略息息相关。

　　为深入贯彻落实习近平总书记关于黄河流域生态保护和高质量发展的重要讲话和指示批示精神，全面落实对甘肃重要讲话和指示精神，按照党中央、国务院印发的《黄河流域生态保护和高质量发展规划纲要》，甘肃省委、省政府印发了《甘肃省黄河流域生态保护和高质量发展规划》，规划中明确指出，甘肃地处黄土高原、青藏高原和内蒙古高原三大高原交会处，是黄河、长江上游的重要水源涵养区，在保障国家生态安全中具有举足轻重的地位。黄河流域甘肃段总面积 14.59 万平方千米，占全省面积的 34.3%，多年平均自产地表水资源量 125.2 亿立方米，超过黄河流域总水量的五分之一，其中甘南水源涵养区年均向黄河补水 64.4 亿立方米。黄河干流流经甘南、临夏、兰州和白银四州市，长达 913 千米，占黄河全长的 16.7%；黄河支流流经定西、天水、平凉、庆阳、武威五市，渭河、泾河、洮河、大夏河等河流是黄河重要的补给水源，有效保障了黄河上中游径流稳定。黄河流域甘肃段人口和生产总值占全省比重都在 80% 左右，黄河赋予了甘肃厚重的历史文化、富足的自然资源和重要的经济基础，是陇原儿女的生命之源、生产之要、生态之基，做好黄河流域甘肃段生态保护工作、贯彻高质量发展战略事关全省生态保护大局和高质量发展全局，事关幸福美好新甘肃的建设。

黄河流域甘肃段气候多样、光照充足，具备发展现代农牧业得天独厚的基础和条件。近年来，随着景电提灌、引大入秦、引洮供水等工程的建成运行，特别是乡村振兴战略的深入实施，使该区域现代农业发展步入了快车道，形成了"牛羊菜果薯药"六大产业为主导的特色农业发展新格局。

真菌是地球上一类独特而神秘的生物，它们是一个庞大的生物界，与植物、动物和微生物一起构成自然界的重要组成部分，以多样的形态和生态特征而闻名，最常见的真菌主要包括各类蕈菌、霉菌和酵母。真菌的主要特征是具备菌丝网络，这些网格由细长而纤细的菌丝组成，分别分布于地下、土壤、腐烂的物质表面等位置。通过菌丝网络，真菌能够摄取营养，并与其他生物建立共生关系。真菌的生物多样性十分丰富，目前已知种类超过 10 万种，但据估计实际种类数可能远远超过这个数字。

大型真菌，又称蕈菌，是真菌中体型较为庞大、组织结构较为复杂的真菌种类，通常具有肉眼可见的菌盖、菌褶和菌管等子实体，在森林、草原、湿地、山地等不同生态环境中均可生长，是自然界中生物多样性的重要组成部分，是生态系统中不可或缺的一大组成部分。首先，大型真菌是分解有机物质的关键角色之一，能够通过分解腐殖质、树枝和枯叶等有机物，并将养分释放到环境中，促进土壤养分循环，提升土壤肥力。其次，大型真菌与其他生物具有很强的共生关系，如真菌与树木的根系共生后形成的菌根，可为植物提供养分，促进植物生长和发育。此外，大型真菌还扮演着生态系统中食物链的重要组成部分，能够为动物提供食物资源，并与蚂蚁、昆虫等形成共生关系。

　　大型真菌作为生物多样性的重要组成部分，也是森林生态系统中必不可少的一部分，在森林植物群落演替、能量流动、养分循环和生态系统维持等方面具有非常重要的生态功能，是科学研究的重要类群之一，其中一些大型真菌资源发挥着生态系统指示剂的作用，如牛肝菌类、红菇类和鹅膏类真菌。据统计，我国具有药用价值和试验有药效的大型真菌有 450 余种。在筛选新药及寻找抗癌药物方面，大型真菌已作为重要的研究对象，受到医药学工作者的高度重视。我国大型真菌种类多、分布广且资源丰富，开发潜力大。但是，由于受到森林过度砍伐、极端气候及人类其他活动的影响，大型真菌赖以生存的环境受到了一些不可逆转的损害和破坏，为其资源的开发和利用带来了一定的挑战和威胁。因此，保护大型真菌及其所在的生态环境便显得尤为重要。

　　甘肃太子山国家级自然保护区位于临夏回族自治州与甘南藏族自治州之间，东望甘肃莲花山国家级自然保护区，南与甘南藏族自治州临潭、夏河、合作、卓尼四县（市）毗邻，西连青海省循化县，北邻临夏回族自治州的康乐、和政、临夏、积石山四县。保护区以森林生态系统为主的天然资源，既是甘肃省中部大型的生态功能区和临夏州乃至甘肃省中部、青海省东部地区的经济命脉和天然绿色屏障，也是临夏州主要的水源涵养林基地，发挥着"水库、粮库、钱库、碳库"的巨大作用，改善着临夏、定西乃至青海东部地区农牧业气候条件，特别是在防止黄河中上游地区水土流失、减少刘家峡电站大坝泥沙、维护黄河流域生态平衡等方面意义重大。

　　与此同时，保护区地处青藏高原与黄土高原的交错地带，位于临夏回族自治州与甘南藏族自治州之间，是连接中原文化和雪域文化的纽带，保护区及其周边地区生活着回族、汉族、东乡族、保安族、撒拉族等 42 个民族，也是各民族交往交流交融的纽带。保护区地处古丝绸之路南道要冲、唐蕃古道重镇、茶马互市中心，是文成公主进藏的途经之地，自古以来就在各民族的交往、交流、交融中发挥着不可替代的作用。

然而，针对甘肃太子山国家级自然保护区大型真菌的调查及其相关研究却并不多见。因此，以保护区大型真菌为研究对象，通过调查，全面掌握保护区及其周边地区大型真菌资源的分布特征和多样性，不仅是深刻体现保护区生态价值，服务黄河流域生态保护和高质量发展国家重大战略的迫切要求，也是推动黄河上游生态保护和高质量发展，服务民族地区经济社会发展的现实需要。

甘肃太子山国家级自然保护区管护中心党委书记、主任　黄晨翔

2024 年 1 月

目录
CONTENTS

绪论

一、甘肃太子山国家级自然保护区简介

（一）地理位置与范围

甘肃太子山国家级自然保护区位于临夏回族自治州与甘南藏族自治州之间，东望甘肃莲花山国家级自然保护区，南与甘南藏族自治州临潭、夏河、合作、卓尼四县（市）毗邻，西连青海省循化县，北邻临夏回族自治州的康乐、和政、临夏三县。地理位置介于东经102°43′ ～ 103° 42′和北纬35° 02′ ～ 35° 36′之间。全区呈狭长形，东西长约100 千米，南北宽约10 千米，总面积847 平方千米，山林权属全部为国有林。

甘肃太子山国家级自然保护区

（太子山保护区管护中心提供）

（二）保护区生态价值与意义

甘肃太子山国家级自然保护区，既是甘肃省中部大型的生态功能区，是临夏州乃至甘肃省中部和青海省东部地区的经济命脉和天然绿色屏障，也是临夏州主要的水源涵养林基地，发挥着水源涵养、保持水土、调节气候、减碳贮氧、保护环境、维持生态平衡等巨大作用，改善着临夏、定西乃至青海东部地区农牧业气候条件，特别是在防止黄河中上游地区水土流失、减少刘家峡电站大坝泥沙、维护黄河流域生态平衡上意义重大。

保护区是黄河上游地区的重要"水库"和"碳库"。保护区地表水和地下水相当丰富，从保护区发源的大小河流近200多条，是黄河上游重要的水源涵养地和水源补给区。发源于太子山林区的近200条大小河流，汇集成洮河、大夏河的主要支流，以和政县南阳山为分水岭，其中南阳山以东的杨家河、胭脂河（包括麻山沟河）、苏集河（包括八松河、鸣麓河、药水河）、大南岔河（包括小峡河、大峡河）、小南岔河、新营河、牙塘河流入洮河，南阳山以西的牛津河、槐树关河、多支坝河、老鸦关河（包括莫尼沟河）流入大夏河。从太子山发源的大小河流不但是黄河两支重要支流——洮河、大夏河的主要水源补充支流，还灌溉着临夏州上百万亩的农田。从太子山林区埋设的地下管道引出的20多条人畜饮水水道，供给着临夏州七县一市200多万居民饮水和灌溉用水，供水人口约占全临夏州人口的70%，供水面积约占75%。

保护区还是民族地区经济社会发展的主要"钱库"和"粮库"。保护区管理局前身为太子山林业总场，成立于1965年，隶属于临夏州。2001年12月，省政府决定将太子山林区划交省林业厅管理，2005年12月批准为省级自然保护区，2012年1月经国务院批准晋升为国家级自然保护区。保护区周边有2个州，8个县，23个乡镇，56个村，3152户，15760人。太子山保护地周边共有23个村3152户10920人。2021年，周边农民平均人均纯收入2077元。周边群众生产活动以农业为主，种植的主要农作物有小麦、玉米、马铃薯、蚕豆，油料作物有油菜、胡麻，药用作物有当归、党参、黄芪等，亩产小麦350～400千克、玉米400～500千克、马铃薯700～1000千克、蚕豆250～300千克、油菜150～200千克。

保护区也是铸牢中华民族共同体意识的主阵地和各民族交往交流交融的纽带。保护区地处青藏高原与黄土高原的交错地带，位于临夏回族自治州与甘南藏族自治州之间，是连接中原文化和雪域文化的纽带，也是各民族交往交流交融的纽带。保护区及其周边地区生活着回族、汉族、东乡族、保安族、撒拉族等多个民族。保护区地处古丝绸之路南道要冲、唐蕃古道重镇、茶马互市中心，是文成公主进藏的途经之地，自古以来就在各民族交往交流交融中发挥着不可替代的作用。

（三）保护区历史沿革及法律地位

1. 历史沿革

太子山林场成立时间较早，地处具有浓郁民族文化气息的临夏回族自治州，是当地群众赏花对歌游览的地方，为民间文化传播起到了重要作用。1957年，太子山林区成立了国营莲花山、药水、新营、刁祁4个森林经营所，管护经营太子山南麓从积石山至莲花山的天然林区。1963年，上述4个森林经营所改名为经营林场，同时增设了紫沟实验林场。

1965年，根据中共甘肃省委员会印发的《批复省林业局关于祁连山、子午岭林业局六个林业总场领导关系调整的意见》，决定成立太子山林业总场。太子山林业总场直属临夏回族自治州人民委员会领导，全称为"临夏回族自治州太子山林业总场"，场址设在康乐县药水峡，管辖原莲花山、药水、新营、刁祁、紫沟5个经营林场。总场成立后，于1972年又增设东湾、大河家林场及莲花山竹木加工厂。积石山保安族东乡族撒拉族自治县成立后，临夏州人民政府于1980年决定将大河家林场划归积石山县管辖，并撤销了莲花山竹木加工厂。1970年，在原总场苗圃的基础上，又增设了槐山子苗圃。1983年，甘肃省政府决定将总场所属莲花山林场划交省林业厅管理。至此，太子山林业总场共下属紫沟、东湾、药水、新营、刁祁5个林场及1个槐山子专业苗圃，东西长约100千米，南北宽约10千米，总面积88467公顷。

1986年，为贯彻《中共中央关于城市经济体制改革的决定》和中共中央原总书记胡耀邦视察陇南时的讲话精神，进一步坚持改革，加强管理，促进林业建设步伐，经临夏回族自治州人民政府研究并报请州委同意，决定将太子山林业总场所辖的紫沟、东湾、新营、刁祁4个林场和松鸣岩风景林区按行政区划分别下放到康乐、和政、临夏县管辖，各林场所属人、财、物同时移交有关各县，下放各县管辖后，"临夏回族自治州太子山林业总场"名称不变，仍为县级单位，只管辖康乐县境内的药水林场和槐山子苗圃。

1951年5月31日，为保护好太子山森林资源，加强林区林业生产和自然资源管理，经临夏州政府常务会议研究，并请示州委、省林业厅同意，决定将原州太子山林业总场更名为"临夏回族自治州太子山水源涵养林建设总场"，原下放到各县的4个国有林场收归总场统一管理，管辖面积与1983年相同。

2001年12月，经甘肃省政府研究决定，将临夏州太子山水源涵养林建设总场移交省林业厅直属管理，并改称"甘肃太子山自然保护区管理局"。管理局为事业性质，县级建制。所辖紫沟、东湾、药水、新营、刁祁5个林场均改称为保护站。

2005年12月，经甘肃省人民政府批准，将太子山自然保护区确认为森林生态系统类型的省级自然保护区。

2012年1月，经国务院批复，甘肃太子山自然保护区为国家级自然保护区。

2. 法律地位

保护区根据甘肃省政府划定的保护区面积进行保护管理，总面积84700公顷，得到甘肃省人民政府批准，并按此确定保护区界碑标志，其边界具有合法性，边界清楚，无林权地权纠纷。

甘肃太子山国家级自然保护区管理机构——甘肃太子山国家级自然保护区管理局是经甘肃省人民政府机构编制委员会批准、在保护区内代行林业行政管理部门职责、具有独立法人资格的公益事业单位。

（四）自然条件

1. 地质地貌

保护区在综合自然区划上属于甘南山地高原区，是青藏高原的东北边缘山地，北麓连接黄土高原，东部逐渐向陇南山地过渡。

保护区主体由太子山及山间谷地组成。大地构造位置上属于祁连地槽褶皱系与秦岭地槽褶皱系之间的秦祁中间隆起带之东南端，属秦岭山脉的西段，同时又处于西北黄土高原和青藏高原的交接地带。

保护区地层出露不全，大部分地层相对较古老，以海相沉积为主，部分地区地层较新，以陆相沉积为主，主要分布在北部山麓及沟谷；其中奥陶系、侏罗系、白垩系地层零星出露，面积很小；分布较广泛的有石炭系、二叠系、三叠系、第三系、第四系。古生代地层较少，中生代地层分布广泛，中北部新生代地层出露。一般分布规律为海拔在 3500 米以上为裸露的石灰岩和花岗岩，2500 ～ 3000 米覆盖着 0.5 ～ 0.8 米的第四纪更新统残积和坡积物，中间加有页岩和岩砾岩，2500 米以下分布着红泥土，红沙岩风化母质和黄土母质。

保护区地处青藏高原向黄土高原的过渡带，也是祁连山支脉与秦岭西延段交汇处。主要由达力加山、巴楞山、公太子山、母太子山、围子山、白石山等山峰及沟谷组成。地势高而切割深邃，并由西向东倾斜，是青藏高原东北的边缘隆起部分。

保护区山川壮丽，环境优美，群峰耸立，河谷纵横。保护区内地形复杂，海拔高低悬殊，为 2200 ～ 4636 米，最高峰达力加山，海拔 4636 米，保护区内相对高差 2436 米。西北部南北向排列着达力加山、雷积山等海拔 3000 米以上的山脉，与土门关以东东西向排列的太子山、围子山、白石山等海拔 3500 米以上的大山，连同它们的支脉形成西南高、山大坡陡、高差大、岩石裸露的山群地貌。相对山脉之间夹有河流，形成河谷地带和山谷地带。保护区地貌形态按其成因可分为石质中高山地地貌和河谷阶地地貌两种类型。

2. 气候条件

保护区地处温带，属大陆性季风气候，境内海拔高，地形复杂，气候变化大。受地形影响，气候水平和垂直变化显著，总的特点是寒冷阴湿多雨，四季不分明，无霜期短，热量不足，具有夏凉夏短、冬长冬冷、春季回暖慢、秋季降温快、冬干秋湿的特点。

保护区林区日照时数全年为 2504.9 小时，日照百分率为 57%。日照的季节变化中，4 ～ 8 月日照时数多，月日照时数 200 小时以下，9 月连阴雨期，日照锐减，月日照时数 146 ～ 175 小时，冬季晴天多，各月日照 190 ～ 220 小时。

　　保护区林区年平均气温 5.1℃，最热月（7 月）平均气温 16.1℃，最冷月（1 月）平均气温 –8.5℃，极端最低温度 –25.7℃；≥ 0℃积温 2558.4℃，≥ 5.0℃积温 2398.7℃，≥ 10℃积温 1810.9℃。

　　保护区林区的年平均降水量 660 毫米左右，最高达 1030.4 毫米。四季降水量分配，以夏、秋季最多，春季次之，冬季最少。夏季降水量为 185.7 ～ 338.3 毫米，占年降水量的 50% ～ 63%；秋季为 62.8 ～ 162.8 毫米，占年降水量的 21% ～ 26%；春季为 46.3 ～ 136.2 毫米，占年降水量的 16% ～ 22%；冬季为 1.9 ～ 15 毫米，仅占年降水量的 1.2%。各月降水量极不均匀，冬季各月中 12 月最少，2 月最多，早春 3 月仍不足 20 毫米。4 月开始，夏季风加强，降水量渐增，为 16.5 ～ 40.5 毫米。5 月增至 23 ～ 76 毫米。6 月，夏季风开始活跃，为 20.8 ～ 79.0 毫米。进入盛夏，夏季风强盛，7、8 月为全年降水高峰，两月降水量在 100 毫米以上，8 月底多达 60.1 ～ 137.8 毫米，占年降水量的 1/5 ～ 1/4。9 月降水仍较多，10 月、11 月分别减至 50 毫米和 15 毫米以下。

　　保护区内太子山山体高大，阴山面宽，对临夏州南部气候影响巨大。太子山区降水比较丰富，多为固体降水，山峰常年白雪皑皑。地处阴山的临夏县新发村测得年最高降雨量达 1030 毫米。

　　保护区林区年平均水汽压 6 ～ 8 百帕，水汽压季节变化夏大冬小，7 月为 12 ～ 15 百帕，1 月为 2 百帕，年平均相对湿度 71%。

　　保护区年蒸发量随降水量的增加递增，年平均蒸发量为 1374.8 毫米。四季中以夏季蒸发量最大，春季次之，冬季最少，月蒸发量以 5 月最大，12 月和 1 月最小。

　　保护区内风向以东北风和西北风为主，其次为东南风。东北风频率 8%，西北风频率为 14%，东南风频率为 4%。年平均风速 1.3

米 / 秒，最高达 18 米 / 秒。

3. 土壤类型

保护区内土壤母质类型主要有岩石化的残坡母质、黄土性残坡积、风积、冲洪积母质和甘肃红层风化形成的残坡积、冲洪积母质。在峰顶或平缓部位，风化物没有大的搬动或移位的是残积母质，经过移位、搬动的为坡积母质。

保护区分布的土壤成土母质以残积和坡积母质为主，受海拔高度、气候条件和森林植被的影响，土壤垂直带谱明显，主要有高山寒漠土、高山草甸土、亚高山灌丛草甸土、山地棕壤土、黑土、红土、石质土。

4. 水文条件

保护区地表水和地下水相当丰富，大大小小的沟岔河滩均有泉水涌出，是良好的水源涵养基地。

保护区水资源充足，发源于太子山林区的大小河（溪）流近 200 条，汇集成洮河、大夏河的主要支流，以和政南阳山为分水岭，其中南阳山以东的杨家河、胭脂河（包括麻山沟河）、苏集河（包括八松、鸣麓、药水河）、大南岔河（包括小峡河、大峡河）、小南岔河、新营河、牙塘河流入洮河，南阳山以西的牛津河、槐树关河、多支坝河、老鸦关河（包括漠泥沟河）流入大夏河。从保护区发源的大小河流不仅是黄河上游两支重要支流——洮河、大夏河的重要补充，也是临夏州上百万亩基本农田灌溉的主要水源。从太子山林区埋设引出的 26 条人畜饮水管道，供给着临夏州各市县 200 多万居民饮水，供水人口约占全临夏州人口的 70%，供水面积约占 75%。

保护区地下水形成的水文地质条件，基本分属三种类型：河谷冲积含水层潜水，埋深一般在 20 米以下，富水性好，与河流互相转换补给；新第三系层间水，含水层为薄层沙砾岩及砂岩组成的含水组，富水性差，一般单泉流量 0.1 ～ 0.3 升 / 秒，形成广大的泉水出露带；基岩裂隙水，分布在石质山区风化层与裂隙之中，流量变化较大，一般单泉流量为 0.1 ～ 1.0 升 / 秒。

保护区地下水资源丰富，水质优良，泉水矿化度低，水化学性质一般为碳酸盐 – 钙型、碳酸盐 – 钙镁型，矿化度小于 0.4 克 / 升，总硬度在 20 德国度（1 毫摩尔 / 升 =5.6 德国度）左右，属软水或微硬水，pH 值 6.5 ～ 8.5，物理物质良好，可作为生活用水和农田灌溉用水。

5. 动物资源

保护区森林覆盖率较高，植被类型丰富多样，境内水资源相当丰富，发源于保护区的大小溪流就有近 200 条，为动物在这里生存提供隐蔽处、食物、饮水等必要的生活条件。保护区内野生动物种类多。经调查，太子山自然保护区共有脊椎动物 25 目 59 科 218 种，其中鱼类 1 目 2 科 10 种，两栖类 2 目 4 科 5 种，爬行类 2 目 2 科 3 种，鸟类 14 目 33 科 133 种，兽类 6 目 18 科 67 种。保护区有国家一级重点保护野生动物 15 种，国家二级重点保护野生动物 26 种。

6. 植物资源

保护区共有维管植物 95 科 358 属 838 种 33 变种 1 亚种 3 变型，包含引种栽培类群 1 科 4 属 8 种。其中蕨类植物 11 科 19 属 35 种；裸子植物 3 科 8 属 18 种；被子植物 81 科 331 属 785 种 1 亚种 33 变种 3 变型。

二、大型真菌的生物学性状及标本采集制作

真菌是一种具真核的、产孢的、无叶绿体的真核生物，包含霉菌、酵母、蕈菌以及其他人类所熟知的菌菇类。真菌独立于动物、植物和其他真核生物，自成一界。

真菌的细胞中含有甲壳素，能够通过无性繁殖和有性繁殖相结合的方式产生孢子，其营养体通常为丝状的具有分支的结构，并且具有含甲壳素或纤维素的细胞壁。真菌数量庞大，目前已发现的真菌种类达 12 万多种。它们不仅种类繁多，而且个体数量庞大，分布广泛，只要是有生物存在的地方，就有真菌的存在。生活中经常遇到的真菌主要有香菇、木耳、银耳、牛肝菌、松茸等，这些真菌因具有可被肉眼观察并采摘利用的子实体，而成为真菌界中最早为人类认知的类群，通被人们称为大型真菌。

大型真菌是真菌界中最高级的类群。除具有很好的食用价值外（如松口蘑、块菌、羊肚菌等），许多大型真菌还具有很高的药用价值，如冬虫夏草、银耳、茯苓、灵芝等，均是药用效果很好的中药材。同时在抗肿瘤、抗癌等新药研发和药物筛选方面，大型真菌已受到医药学及生物学界的广泛关注，具有巨大的社会经济效益和开发利用前景。大型真菌在真菌界中种类繁多，数量仅次于半知菌类。绝大部分大型真菌在森林树木、木材、林地、林缘和草地上均有分布。

根据大型经济真菌的不同生境可将其分为四大类，即森林病害大型真菌、食用大型真菌、药用大型真菌和有毒大型真菌。森林病害大型真菌即指活立木腐朽菌和木材腐朽菌，它们对活立木、木材的破坏作用极为严重，被视为林业上的大害。食用大型真菌的种类大部分为立木腐朽菌、木材腐朽菌以及林地、林缘和草地上的大型

真菌，由于其含有丰富的氨基酸以及维生素等，所以味道和价值常常超过蔬菜。药用大型真菌是由于某些食用菌含有丰富的菌多糖、维生素 C、维生素 B 和维生素 D，有的还含有胡萝卜素，这些物质均有一定的医疗价值。有毒大型真菌一般都含有不同种类的毒素，误食之后会引起中毒，甚至危及生命。甘肃太子山国家级自然保护区具有复杂的地形地貌和气候条件、多种多样的森林类型和土壤类型，为大型真菌的生长繁殖提供了良好的生存条件。

（一）大型真菌形态特征

大型真菌的外部形态是分类鉴定的重要依据之一。研究大型真菌就必须充分的了解其形态及分类学特征。有经济价值的大型真菌绝大多数属于担子菌中的伞菌、多孔菌等，少部分为子囊菌。它们形态各异，有伞状、棒状、球状、珊瑚状、漏斗状等，为方便描述，此处仅以伞状类型的大型真菌为主，介绍其生物学特性。

1. 菌丝体：真菌的菌体，典型的菌丝体由微小的丝状物组成，这些丝状物叫作菌丝。组成一个真菌体的菌丝总称叫菌丝体。有些真菌的菌丝体形成长长的索状物叫菌索。

2. 子实体：各种真菌生长在土壤中或其他基物上面的部分称为子实体。

3. 菌盖：指大型真菌子实体上部的伞状部分，是子实体最明显的部分，形状似一顶帽子，由表皮、菌肉及菌褶组成，菌盖表皮层的菌丝里含有不同的色素，使菌盖呈现各种美丽的颜色。菌盖的形状因种类不同而不同，有钟形、漏斗形、扇形、半球形、半圆形、斗笠形、匙形、圆形、卵圆形、喇叭形等。即使是同一种大型真菌，其伞盖在幼小与老熟时也有所不同，因此伞盖形状是以成熟后为准。伞盖的中部特征大致分为五种类型，分别为平顶、下凹、突尖、脐状、凸起。菌盖边缘特征分为边缘具条纹、边缘波状、边缘反卷、边缘平滑无条纹、边缘瓣状、边缘撕裂、边缘具粗棱、边缘内卷、边缘翻起、边缘表皮延伸等。菌盖表面具有各种各样的附属物，如小疣、块状鳞片、丛卷毛、角锥状鳞片、龟裂、皱纹、粉末、绒毛、颗粒状结晶、纤毛等。

4. 菌肉：是大型真菌子实体结构中的一部分，一般由菌盖皮层下菌丝和细胞组成。菌肉按构造一般可分为两种，即泡囊菌肉和丝状菌肉。菌肉的颜色因种类不同而不同，以白色菌肉的种类为多，某些种类的菌肉受伤后变色。此外，乳菇属种类中的菌肉里含有大量乳管，受伤时分泌出大量的乳汁，乳汁暴露空气中有的变色，有的不变色。

5. 菌褶：指生长在菌盖下面的薄片，它的形状有披针形、宽形、窄形、三角形等。菌褶边缘有锯齿状、波状、平滑、粗糙颗粒状等特征。菌褶排列分为等长、不等长、分叉、有横脉、具网纹五类。菌褶与菌柄着生关系上可分为四个类型：①直生：菌褶的一端直接着生在菌柄上；②弯生：一部分着生在菌柄上，另一部分稍向上弯曲；③离生：菌褶后端不与菌柄接触而呈游离状态；④延生：菌褶沿着菌柄下延。

6. 菌管：大型真菌的子实层体的一种。子实层体是长在菌盖下面产生子实层的部分，有的呈褶状，叫作菌褶；有的呈管状，叫作菌管。子实层贴生在管壁上。在伞菌中指牛肝菌类，除此外，就是非伞菌类，这一类种类多，分布广，产量高。具有菌管的大型真菌中，菌管之间有的易分离有的不易分离。菌管的大小、色泽、长短，排列方式，形状因种类而异，管口有单孔和复孔的区别，这些特征也是分类依据之一。

7. 担子和孢子：伞菌的担子通常呈棒状，顶部有 2～4 个小梗，每个小梗顶端着生一个担孢子。孢子的形状各种各样，有椭圆形、肾形、圆形、梭形、纺锤形、角形、星形等；孢子表面或有网棱、沟纹、纵条纹、刺棱，或光滑。银耳类的担子具有纵隔，而木耳类担子具有横隔。子囊菌的子囊外形一般为棒状，子囊内生八个孢子叫子囊孢子，担孢子和子囊孢子一般简称孢子。

8. 囊状体： 囊状体生在菌褶两侧或菌管周围，一般比担子大，形状有纺锤形、棒形、梭形、瓶形、梨形，顶端具结晶或顶端形状为钝圆、尾状、角状，头状等。囊状体生于菌褶两侧者叫褶侧囊体；生于褶缘者叫褶缘囊体。囊状体一般单生，而褶缘囊体有的为丛生。囊状体的形状、大小和顶端特征均可作为分类的依据。

9. 孢子印： 指将伞菌类菌盖从菌柄顶端切开，盖扣在纸上，孢子自然散落在纸上的印迹，其颜色有白色、奶油色、肉粉色、粉红色、锈色、紫褐色、青褐色至黑色等，有的伞菌种类孢子印湿时与干时发生变化。孢子印的颜色是真菌分类的重要依据。

10. 菌柄： 菌柄通常生于菌盖下面正中央，少数偏生或侧生，菌柄形状、长短、大小、有无等均为分类的依据。菌柄外形有棒形、纺锤形、圆柱形、基部膨大呈球形、基部膨大呈臼形等；菌柄表面有网纹、沟槽、凹窝、鳞片、茸毛、条纹、腺点或颗粒等；菌柄有纤维质、肉质、半肉质或脆骨质，菌柄内部有的种类中空，有的实心，有的种类在生长发育的不同时期，由实心变空心。

11. 菌环： 菌环是内菌幕遗留在菌柄上形成的，菌环多数为膜质，有的种类单层，有的种类双层；有的种类菌环不脱落，有的种类在一定时期脱落；有的菌环不是膜质的，而呈蛛网状。菌环着生在菌柄上的位置，通常可分为上、中、下三处。

12. 菌托： 在真菌中多指伞菌，但不是所有的伞菌种类都有菌托，而是有外菌幕的种类才有菌托。当菌盖扩展、菌柄伸长时，外菌幕胀破，遗留在菌柄基部的部分叫菌托，一般为白色或浅色；有杯状、杵状、鞘状、苞状、鳞茎状等。菌托同样是分类的一种依据。

（二）大型真菌生态习性

不同真菌种类的营养方式不同，大多数真菌为腐生，生长在腐烂的倒木、枯枝落叶上、土壤中，甚至小昆虫体上，通过利用这些动植物的死体，获取自己所需的养分而生长发育，常见的种类有口蘑属、侧耳属、云芝属等；也有靠寄生从而摄取寄主养分而生存的真菌，如密环菌、裂褶菌等；有些种类寄生于昆虫体上，如虫草属中的种类。除此之外，还有不少的种类能够与林木发生共生关系，形成菌根，从而得以生存。

不同种类的大型真菌生长环境不同，大多数生长在森林中。其中以阔叶林的大型真菌种类最多，针阔叶混交林次之，针叶林最少，但其种类较为单纯，以伞菌为主，多孔菌种类少见。有的种类生于动物的粪便上。这些真菌中，有的种类单个生长，有的种类成群生长，有的种类成簇或呈覆瓦状排列生长。

大型真菌的生长受季节的影响很大，不同的季节，出现的种类不同。在甘肃太子山国家级自然保护区内，6～10月是大型真菌大量生长的最佳季节，特别是生长于森林生态系统中的大型真菌。从它们生长期来看，有的种类一年中只出现一次，而有的种类一年中相继出现几次。

（三）大型真菌标本的采集与保藏

1. 大型真菌标本采集准备

在进行大型真菌标本采集之前，必须懂得菌类有关的一些基本知识。各种菌类生长随着植物种类的组成不同而不同，如竹荪属中几个种常常在竹林或竹阔叶混交林里生长；牛肝菌科的种类在松林或栎林中最普遍，而多孔菌科则经常生长在多种树林立木或腐木上等。又如菌类对温度和水分的要求是比较严格的，不同种属对温度具有不同的要求，因此生长着不同的真菌，但大部分真菌是适宜在高湿和高温的环境中生长。因此，夏季的雨后是采集大型真菌的最佳时间。同时，菌类的组成成分也随着季节的不同而发生变化；海拔也影响着菌的种类组成。只有了解菌类生长环境，了解生长季节及其他与菌类相关的知识，才能更有效地采到所需要的标本。

　　大型真菌标本采集所要用到的工具主要有平底背篓、采集刀、掘根器、枝剪、手锯、裁纸刀、大小不同的硬纸盒、塑料袋、旧报纸、钢卷尺、编号纸片、采集记录收集表、白纸等。

2. 标本的采集

（1）采集层次顺序

　　采集过程按一定层次顺序进行，如树木、枯枝、落叶层、草丛。

（2）记录

　　发现大型真菌后应先记录其生长的环境特点、海拔、个体大小等，并按照表1的内容进行登记。

（3）拍照

　　拍照必须有远距离和近距离两种镜头，应照生态相。可在原地把真菌正、侧、倒和菌柄基部以及真菌的纵断面拍摄清楚，要保持菌幕、菌环、菌托的完整，尽可能保持其生境，须附有编号以免错乱。应尽量拍摄彩色照片。如现场来不及照生态相，可在回住地整理标本时再补照。

（4）采集标本

　　采集真菌时，可用手轻捏其基部，缓慢地将菌体旋转一周，然后拔出。

注意事项：

①尽量带出地下部分，散去其泥土，保持其完整。

②菌盖上的附着物如落叶、小虫等也应尽量保留。

③注意保护菌物的自身特点，以便日后观察。

采集大型真菌标本相对比较容易，首先将采到的标本向上放在背筐里，对一些小型的、易破碎的种类，可用报纸包裹，以与其他大的、硬的菌类隔开。但要注意，当采集菌类标本时，应尽可能使采得的菌类标本保持形体的完整，不要破碎，因为菌体上各部位的特征都是室内鉴定的重要依据。

在采集一些木腐菌时，最好将该树种的花果，及带叶的小枝采集放入植物标本夹里，这对菌类研究及教学有着一定的参考作用。关于采集标本的数量，一般为 3 ～ 5 份或更多，标本的数量对研究、教学实验、科普宣传等关系重大，对一些特殊的、难以鉴定的菌类，最好多采几份，以便寄送研究者鉴定、复查。

3. 标本的记录

在标本制作前最重要的是记录，包括记录菌类标本的特征、产地、海拔、基物、生境、日期等，还包括标本的摄影。

记录前应首先给标本进行编号，编号是室内分类鉴定的重要依据，如不编号会造成标本间的混乱，影响该标本研究价值。编号的标签最好能拴在标本上，对于 2 ～ 5 个或更多的副本，编号应与正本一致，然后登记入册。对标本特征的现场记录必须详细，如松乳菇，菌盖、菌褶、菌柄等为虾仁色、胡萝卜黄色或带紫色；乳汁橘红色，但这些特征也有可能发生变化，比如在菌体伤或老后都变绿色，这样变化如果不记录，在标本制作后将与新鲜标本有很大的差异。因此，在菌体色泽记录方面，特别是菌盖的色泽记录，要尽量准确。

表1 蘑菇采集记录收集表

编号			年	月	日	照片
菌名	地方名：		中名：			照片
	学名：					
产地			海拔：			
生境：针叶林 阔叶林 混交林 灌丛 草地 草原			基物：地上 腐木 立木 粪上			
生态：单生 散生 群生 丛生 簇生 迭生						
菌盖	直径： 厘米 颜色：边缘 中间 黏 不黏					
	形状：钟形 斗笠型 半球形 漏斗形 平展			边缘有无条纹：		
	块鳞 角鳞 从毛鳞片 纤毛疣 粉末 丝光 蜡纸 龟裂					
菌肉	颜色： 味道： 气味： 伤变色： 汁液变色：					
褶菌	宽度： 毫米 颜色： 密度： 中 稀 密				离生 弯生 直生 延生	
	等长 不等长 分叉 网状 横脉					
菌管	管口大小： 毫米 管口圆形 角形					
	管面颜色： 管里颜色： 易分离 不易分离 放射形 非放射形					
菌环	膜状 丝膜状 颜色： 条纹： 脱落 不脱落 上下活动					
菌柄	长： 厘米 粗： 厘米 颜色：					
	圆柱形 棒状 纺锤形 基部根状 圆头状 杵状					
	鳞片 腺点 丝光 肉质 纤维质 脆骨质 实心 空心					
菌托	颜色： 苞状 杆状 浅杯状					
	数圈颗粒组成 环带组成 消失 不易消失					
孢子印	白色 粉红色 锈色 褐色 青褐色 紫褐色 黑色					
附记	（食、毒、药用、产量情况）					

关于菌体各部位特征应该记录的方面，有专门的采集表（表1），在表中包括了产地，采集日期、采集人、采集号、学名、中名、别名、海拔、生境、基物、土壤以及菌体中的菌盖、菌褶、菌柄等。在填写采集表后，应将一式两份的登记签撕下一份，对号装入标本袋内，另一份留在登记册上备查。在记录解剖方面，除对菌外形，如纵切面等的记录外，还应尽可能在野外带上微型显微镜，把它们的担子或子囊以及担孢子、子囊孢子都在野外记录和绘制下来，这样，在鉴定书籍指导下，结合新鲜标本和显微镜下的解剖特征等资料，很快就能将菌体确定到属，甚至确定到种。

孢子印的获得很简单，其方法是：用黑白两色纸，把菌体的菌柄去掉，将菌盖放在这张黑白两色纸上，数十分钟或更长的时间后，纸上就会出现美丽的放射花纹，这就是孢子印。这时要注意孢子印的颜色，记录下来，然后将印着孢子印的纸包装好与其同一标本放在一起，以便进行鉴定时查用。

4. 标本的制作及保藏

在野外，标本的制作是技术性最强的一环，它是决定菌类标本价值的关键。

标本的制作方法通常为干制和浸泡，至于哪一种标本制作方法更好，要根据具体情况而定，一般来讲，干制标本保存较为方便，色彩保存较好，但形状无法保持；而浸泡形状保存较好，但菌体的色彩被溶解在浸泡液中而破坏了该标本的本色，有时保存不当容易腐烂，又占用地面空间，野外工作和请专家鉴定时携带极不方便。作为宣传、教学的材料，浸泡制作的标本比干标本更加生动，而对研究工作者来说，看干标本比浸泡标本更加方便。从全面研究的角度来看，一种菌类标本既有干制标本，又有浸泡标本，是最好的处理办法。

　　制作干标本的主要方法是用火烤，需要注意标本与火之间的距离，温度保持在 60 ～ 70℃。在室内烘烤标本时，一般采用电烤箱，电烤箱最好有通风设备，以免标本被水蒸气蒸熟而使菌体色彩变化。干标本制作后，随记录资料、采集号等一起装进牛皮纸袋保存即可。

　　制作浸泡标本常采用 70% 酒精 1000 毫升加福尔马林 5 毫升的混合液体。如果有在浸泡液中漂浮的标本，如竹荪等，可将标本拴在玻璃片上进行浸泡。

　　标本进入标本柜前，必须将标本装进标本盒里，在标本盒外贴上标签，标签上印有采集地点、日期、采集人、采集号、标本室号、学名、中名、俗名、鉴定人等。没有定种的标本也可暂定到科属，然后将标记好的标本进行登记入库。

伞菌目

雕纹口蘑
Tricholoma sculpturatum (Fr.) Quél.

分类地位 伞菌目，白蘑科，口蘑属

中文别名 灰色湿地茸

形态特征 菌褶白色带灰色变黄或黄斑，较密，弯生，不等长。菌柄近圆柱形，长 4～5 厘米，粗 0.8～1 厘米，白色，上部有小鳞片，中下部具短细毛，初开伞时有丝膜状残迹，老后变光滑。孢子印白色。孢子无色，光滑，椭圆形至卵圆形，（4.5～6.2）微米 ×（3～4）微米。

生态习性 秋季在林中落叶层地上群生，往往野生量较多。

分布地区 黑龙江、青海、新疆等地。

经济用途 可食用。此菌外形与虎斑口蘑相似，后者有毒，菌盖浅灰褐色，具有成束的细纤毛状鳞片。孢子较大。有类似毒粉褶菌的毒性。另外也易同突顶口蘑相混，但突顶口蘑菌盖中部具明显乳头状凸起，孢子较小，味很苦，据资料记载，突顶口蘑有毒，但也有人记述可食。采食时应注意区别。此菌是树木的外生菌根菌。

引证标本 东经 103° 31′ 13.8″，北纬 35° 14′ 3.13″，海拔 2407.90 米。

② 硬柄小皮伞
Marasmius oreades

分类地位 伞菌目，白蘑科，小皮伞属

中文别名 硬柄皮伞，仙环上皮伞

形态特征 子实体较小。菌盖宽 3 ～ 5 厘米，扁平球形至平展，中部平或稍凸，浅肉色至深土黄色，光滑，边缘平滑或湿时稍显出条纹。菌肉近白色，薄。菌褶白色，宽，稀，离生，不等长。菌柄圆柱形，长 4 ～ 6 厘米，粗 0.2 ～ 0.4 厘米，光滑，内部实心。

生态习性 夏秋季在草地上群生并形成蘑菇圈，有时生林中地上。

分布地区 河北、山西、青海、四川、西藏、湖南、内蒙古、福建、贵州、安徽等地。

经济用途 此种蘑菇有香气、味鲜、口感好，可药用，治腰腿疼痛、手足麻木、筋骨不舒。

引证标本 东经 103° 31′ 9.57″，北纬 35° 14′ 3.26″，海拔 2306.19 米。

③ 红汁小菇

Mycena haematopus (Pers. : Fr.) Kummer

分类地位 伞菌目，白蘑科，小菇属

中文别名 血红小菇

形态特征 菌子实体小。菌盖直径 1 ～ 2.5 厘米，钟形至斗笠形，表面湿润水浸状，灰褐红色，具放射状长条纹，开始色深，后变稍浅，光滑，盖边缘裂成齿状。菌肉薄，同盖色。菌褶直生至稍延生，较稀，污白带粉，后粉红或灰黄色。菌柄细长，同盖色，初期似有粉末，后光滑，基部有灰白色毛，伤处流血红色乳汁，长 5 ～ 8 厘米，粗 0.2 ～ 0.4 厘米，脆骨质，空心。孢子印白色。孢子无色，凝淀粉反应，光滑，宽椭圆形，或卵圆形，[7.6 ～ 8（10.2）] 微米 ×（4.8 ～ 6.5）微米。褶侧囊体近纺锤形，顶部钝圆，（40 ～ 56）微米 ×（6.3 ～ 9）微米。

生态习性 夏秋季林内腐枝落叶层或腐朽木上丛生、群生或散生。

分布地区 吉林、河南、甘肃、西藏等地。

经济用途 据记载可食用，但子实体小，含水分多，食用价值不大。此菌经试验具抗癌功效，对小白鼠肉瘤 180 的抑制率为 100%，艾氏癌抑制率为 100%。

引证标本 东经 103° 31′ 4″，北纬 35° 15′ 24″，海拔 2300.28 米。

④ 栎小皮伞

Marasmius dryophilus (Bolt.) Karst. Collibia dryophila (Bull.: Fr.) Kummer

分类地位 伞菌目，白蘑科，小皮伞属

中文别名 干褶金钱菌，栎金钱菌，嗜栎金钱菌

形态特征 子实体较小。菌盖黄褐或带紫红褐色，但一般呈乳黄色，菌盖直径 2.5 ～ 6 厘米，表面光滑。菌褶窄而很密。菌柄细长，4 ～ 8 厘米，粗 0.3 ～ 0.5 厘米。上部白色或浅黄，而靠基部黄褐色至带有红褐色。孢子印白色。孢子光滑，椭圆形，（5 ～ 7）微米 ×（3 ～ 3.5）微米。

生态习性 一般在阔叶林或针叶林中地上成丛或成群生长。

分布地区 河北、河南、内蒙古、山西、吉林、陕西、甘肃、安徽、广东、云南、西藏等地。

经济用途 一般认为可食，但有人认为含有胃肠道刺激物，食后可能引起中毒，故采食需注意。

引证标本 东经 103° 31′ 12.51″，北纬 35° 14′ 1.18″，海拔 2368.19 米。

⑤ 芳香杯伞
Clitocybe fragrans (Sow. : Fr.) Quél.

分类地位 伞菌目，白蘑科，杯伞属

中文别名 无

形态特征 芳香杯伞菌盖直径6～10厘米，幼时扁半球形，后平展，中部下凹呈浅漏斗状，表面蓝绿色或蓝青色，有环纹，伤处及乳液变绿色，边缘内卷。菌肉稍厚，污白色，伤变绿色。芳香杯伞子实体小，菌盖直径2.5～5厘米，初期扁平，开伞后中部有凹窝，薄，水浸状，浅黄色，湿润时边缘显出条纹。菌肉白色，很薄，气味明显香。菌褶白色至带白色，直生至延生，薄，较宽，不等长。菌柄细长，同盖色，圆柱形，光滑，长4～8厘米，粗0.4～0.8厘米，基部有细绒毛，内部空心。孢子椭圆或长椭圆形，光滑，无色，[6.5～8（10.2）]微米 ×[3.5～4（5）]微米。孢子印白色。无囊体。

生态习性 夏末秋季在林中地上群生或丛生。芳香杯伞生于杨、柳及壳斗科等树木上。

分布地区 青海、内蒙古、西藏、黑龙江、甘肃等地。

经济用途 可食用，具明显的芳香气味，但也有记载具有一定毒性。芳香杯伞属木腐菌，分解木质素的能力较强，传播蔓延很快。常侵害食用菌段木，尤其在段木接种后，长期潮湿、通风条件差的情况下容易生长此种菌。

引证标本 东经103°31′11.21″，北纬35°14′1.55″，海拔2370.20米。

6 深凹杯伞
Clitocybe gibba

分类地位 伞菌目，白蘑科，杯伞属

中文别名 无

形态特征 子实体较小。菌盖直径5～8厘米，扁半球形至扁平，后中部下凹呈漏斗状，表面干，光亮，浅土红至浅粉褐色。菌褶延生，密，污白色，不等长。菌柄细长，圆柱形，长4～8厘米，粗0.4～1厘米，光滑，较盖色浅，内部松软。孢子印白色。孢子无色，光滑，椭圆形，（5～8）微米×（3.5～5）微米。

生态习性 夏秋季在阔叶林中地上生长。

分布地区 云南、四川等地。

经济用途 可食用。

引证标本 东经103° 31′ 58.3″，北纬35° 13′ 11.7″，海拔2361.00米。

红蜡蘑

Laccaria laccata (Scop. : Fr.) Berk. et Br.

分类地位 伞菌目，白蘑科，蜡蘑属

中文别名 红皮条菌，假陡斗菌，漆亮杯伞，一窝蜂

形态特征 子实体一般较小。菌盖直径 1 ～ 5 厘米，薄，近扁半球形，后渐平展，中央下凹成脐状，肉红色至淡红褐色，湿润时水浸状，干燥时呈蛋壳色，边缘波状或瓣状并有粗条纹。菌肉粉褐色，薄。菌褶同菌盖色，直生或近延生，稀疏，宽，不等长，附有白色粉末。菌柄长 3 ～ 8 厘米，粗 0.2 ～ 0.8 厘米，同菌盖色，圆柱形或有稍扁圆，下部常弯曲，纤维质，韧，内部松软。孢子印白色。孢子无色或带淡黄色，圆球形，具小刺，7.5 ～ 10（12.6）微米。

生态习性 夏秋季在林中地上或腐枝层上散生或群生，有时近丛生。

分布地区 河北、黑龙江、吉林、江苏、浙江、江西、广西、山西、海南、台湾、西藏、青海、四川、云南、新疆等地。

经济用途 可食用。

引证标本 东经 103° 31′ 19″，北纬 35° 13′ 26″，海拔 2447.0 米。

8 # 棕灰口蘑
Tricholoma terreum (Schaeff. ; Fr.) Kummer

分类地位 伞菌目，白蘑科，口蘑属

中文别名 灰蘑，小灰蘑

形态特征 菌褶白色变灰色，稍密，弯生，不等长。菌柄柱形，长
2.5 ～ 8 厘米，粗 1 ～ 2 厘米，白色至污白色，具细软毛，
内部松软至中空，基部稍膨大。孢子印白色。孢子无色，
光滑，椭圆形，（6.2 ～ 8）微米 ×（4.7 ～ 5）微米。

生态习性 夏秋季在松林或混交林中地上群生或散生。

分布地区 河北、黑龙江、山西、江苏、河南、甘肃、辽宁、青海、
湖南等地。

经济用途 此种味道较好，采食时要注意同突顶口蘑相区别。

引证标本 东经 103° 31′ 13.8″，北纬 35° 14′ 3.12″，海拔 2407.30 米。

环纹杯伞

Clitocybe n:etachroa (Fr.; Fr.) Kummer

分类地位 伞菌目，白蘑科，杯伞属

中文别名 无

形态特征 环纹杯伞，实体较小，菌盖直径 3～6.5 厘米，扁平，中部具凹窝，乳白色，中部带褐色，水浸状，边缘薄具深环带。菌肉近白色。菌褶污白至浅灰褐色，延生，稍密。菌柄细长，长 3～6 厘米，粗 0.3～0.7 厘米，稍弯曲，等粗或向下变细，同盖色，实心变空心，表面有白色绒毛。孢子光滑，椭圆形，(5.5～7) 微米 ×（3～4）微米。

生态习性 秋季于混交林中地上群生或散生。

分布地区 陕西、青海等地。

经济用途 不详。

引证标本 东经 103° 31′ 13.0″，北纬 35° 14′ 3.13″，海拔 2410.90 米。

⑩ 黄褐口蘑

Tricholoma fulvum (DDC：Fr.) Rea

分类地位	伞菌目，白蘑科，口蘑属
中文别名	无
形态特征	子实体一般较小。菌盖宽 3 ～ 6.6（9）厘米，半球形，扁半球形至近平展，有时中部稍凸，棕褐色，中部色深，湿时黏，具细纤毛鳞片，边缘内卷。菌肉近白色，靠近菌柄上部淡黄色。菌褶黄色，老后暗黄色，稍密，弯生，不等长。菌柄长 3 ～ 3.5 厘米，粗 0.6 ～ 1 厘米，上部色浅，中下部带褐色，中空，基部稍膨大。孢子印白色。孢子无色，光滑，近球形，（6.2 ～ 7.5）微米 ×（4.9 ～ 5.5）微米。
生态习性	秋季在林中地上单生或群生，有时丛生。
分布地区	西藏、贵州、云南、四川、甘肃、新疆、浙江、江苏、内蒙古、青海、辽宁、吉林、黑龙江等地。
经济用途	群众反映可食用，但也有报道具臭气味而不宜食用。此菌经试验有抗癌功效，对小白鼠肉瘤 180 的抑制率为 80%，对艾氏癌的抑制率为 70%。
引证标本	东经 103° 31′ 12.8″，北纬 35° 14′ 3.13″，海拔 2410.25 米。

11 红鳞口蘑
Tricholoma vaccinum (Pers. ﹕ Fr.) Kummer

分类地位 伞菌目，白蘑科，口蘑属

中文别名 无

形态特征 子实体中等大。菌盖直径 3 ～ 8 厘米，幼时近钟形，后期近平展且中部钝凸，土黄褐色至土褐色，被红褐色至土红褐色毛状鳞片，表面干燥，中部往往龟裂状。菌肉白色，稍厚，伤处变红褐色。菌褶白色至污白或乳白色，密或稀，不等长，弯生，伤处变红褐色。菌柄长 4 ～ 8 厘米，粗 1 ～ 3 厘米，较盖色浅，或上部色淡，圆柱形或靠近下部膨大，具纤毛状鳞片，内部松软至空心。孢子椭圆形至近球形，无色，光滑，（6.6 ～ 7.6）微米 ×（4.5 ～ 6）微米。

生态习性 夏秋季在云杉、冷杉等针叶林地上成群生长，有时群生似蘑菇圈。

分布地区 新疆、辽宁、吉林、黑龙江、山西、甘肃、陕西、青海、西藏等地。

经济用途 红鳞口蘑为食用菌类。此菌经试验有抗癌功效，对小白鼠肉瘤 180 的抑制率为 70%，对艾氏癌的抑制率为 60%。

引证标本 东经 103° 31′ 13.8″，北纬 35° 14′ 3.13″，海拔 2407.90 米。

纯白桩菇
Leucopaxillus albissinus (Peck) Sing.

分类地位 伞菌目，白蘑科，桩菇属

中文别名 垩白桩菇

形态特征 子实体一般中等大。菌盖直径 2～8 厘米，半球形或扁半球形，渐平展呈浅漏斗状，白色，表面干燥，边缘平滑。菌肉白色，稍厚。菌褶白色，较密，直生至延生，不等长。菌柄圆柱形，短粗，下部稍膨大，长 2～6 厘米，粗 0.6～2.5 厘米，白色，内部实心至松软。孢子印白色。孢子椭圆形至卵圆形，粗糙具麻点，（7.6～8.1）微米 ×（5～5.6）微米。

生态习性 夏秋季生于云杉等针叶林中地上，往往成群大量生长。

分布地区 新疆、西藏、山西、宁夏等地。

经济用途 可食用。作者曾在科学考察时发现，天山针叶林中其产量大，可收集加工利用。

引证标本 东经 103° 31′ 11.8″，北纬 35° 14′ 3.13″，海拔 2507.90 米。

⑬ 网纹马勃
Lycoperdon perlatum Pers.

分类地位 伞菌目，勃菌科，马勃属

中文别名 网纹灰包

形态特征 子实体一般较小。倒卵形至陀螺形，高 3～8 厘米，宽 2～6 厘米，初期近白色，后变灰黄色至黄色，不孕基部发达或伸长如柄。外包被由无数小疣组成，间有较大易脱落的刺，刺脱落后显出淡色而光滑的斑点。孢体青黄色，后变为褐色，有时稍带紫色。孢子球形，淡黄色，具微细小疣，3.5～5 微米。孢丝长，少分枝，淡黄色至浅黄色，粗 3.5～5.5 微米，梢部约 2 微米。

生态习性 夏秋季林中地上群生。有时生于腐木上。

分布地区 河北、山西、黑龙江、吉林、辽宁、江苏、安徽、浙江、江西、福建、台湾、河南、广东、香港、海南、广西、陕西、甘肃、青海、新疆、四川、云南、西藏等地。

经济用途 子实体有消肿、止血、解毒作用。幼时可食用，味较好。据记载可与云杉、松、栎形成外生菌根。

引证标本 东经 103° 29′ 44.94″，北纬 35° 14′ 0.9″，海拔 2501.10 米。

14. 梨形马勃
Lycoperdon pyriforme Schaeff.：Pers.

分类地位 伞菌目，勃菌科，马勃属

中文别名 灰包，马蹄包，马粪包，马屁泡，灰薜，牛屎燕，马挖，地烟，牛屎菌，灰菌

形态特征 子实体小，高 2～35 厘米，梨形至近球形，不孕基部发达，由白色菌丝束固定于基物上。初期包被色淡，后呈茶褐色至浅烟色，外包被形成微细颗粒状小疣，内部橄榄色，后变为褐色。形状有球形、陀螺形、梨形、扁圆形，多数种类幼时可食，幼嫩时内外部为白色，味道鲜美，嫩如豆腐。成熟后风味改变，但无毒，颜色变成棕褐色，子实体内部充满粉末状孢子。指弹尘出，内部状如海绵。成熟的马勃体积一般略小于成人拳头，也有巨型"蘑薜"状属灰包。

生态习性 夏秋季生长在林中地上、枝物或腐熟木桩基部，丛生、散生或密集群生。

分布地区 河北、山西、内蒙古、黑龙江、吉林、安徽、香港、台湾、广西、陕西、甘肃、青海、新疆、四川、西藏、云南等地。

经济用途 梨形马勃是一种应用价值广泛、有巨大开发潜力的药用真菌。马勃具有消肿、解毒、抑菌、抗炎功用，二者之间有密切联系，其止血机制复杂，缺乏药理实验证明。现代药理学研究证明，马勃还具有抗细胞增殖、分裂活性和体外抗肿瘤作用等。幼时可食，老后内部充满孢丝和孢粉，可药用，用于止血。

引证标本 东经 103° 29′ 1.23″，北纬 35° 13′ 4.98″，海拔 2501.10 米。

⑮ 虎皮香菇
Lentinus tigrinus (Bull.) Fr.

分类地位 伞菌目，侧耳科，香菇属

中文别名 斗菇

形态特征 子实体中等至稍大。菌盖半肉质，边缘易开裂，宽2.5～13厘米，常为圆形，中部脐状至近漏斗形，白色至淡黄色，覆有浅褐色翘起的鳞片，中部较多，边缘少。菌肉白色，薄，具香味。柄中生或偏生，有时基部相连，内部实心，白色，近革质，有细鳞片，长2～5厘米，粗0.5～1.5厘米。孢子近圆柱形至长椭圆形，无色，光滑，（6～8）微米×（2～4）微米。

生态习性 江苏、浙江、福建、湖南、广东、广西、新疆、四川、贵州、云南等地。

分布地区 春季到秋季生于阔叶树腐木上。

经济用途 可食用。

引证标本 东经 103° 31′ 12.8″，北纬 35° 14′ 3.20″，海拔 2410.90 米。

16 褐烟色鹅膏
Amanita brunneofuliginea Zhu L. Yang

分类地位 伞菌目，鹅膏菌科，鹅膏菌属

中文别名 无

形态特征 菌盖直径达 5 ~ 14 厘米，扁半球形至扁平，中央稍凸起；菌盖表面暗褐色至褐色或灰褐色；菌盖边缘淡灰褐色并有沟纹（0.2 ~ 0.4R）。菌褶白色；短菌褶近菌柄端多平截。菌柄长达 8 ~ 22 厘米，直径 0.5 ~ 3 厘米，上半部白色，被淡灰色丝状鳞片，下半部有时淡灰色；菌环形同阙如；菌幕残余（菌托）袋状，高 2.5 ~ 7 厘米，宽 1 ~ 3.5 厘米，外表面白色至污白色，被有淡皮革色至锈褐色斑块状鳞片，内表面白色。菌柄基部菌幕残余（菌托）外表面的斑块状鳞片主要由菌丝组成，菌丝直径 3 ~ 8 微米，薄壁，无色，有时含有淡黄色至淡褐色的胞内色素，夹杂有个别膨大细胞；菌托内部由两层组成：外层由菌丝和膨大细胞构成，菌丝较疏松、不规则排列，膨大细胞丰富；内层主要由较紧密排列的菌丝组成。锁状联合形同阙如。

生态习性 夏秋季多生于具有栎（*Quercus*）和冷杉（*Abies*）的亚高山针阔混交林或高山针叶林中地上。

分布地区 内蒙古、河南、四川、云南、西藏、甘肃等地。

经济用途 食毒作用不明，为树木外生菌根菌。

引证标本 东经 103° 24′ 17″，北纬 35° 14′ 39″，海拔 2483.50 米。

17 灰鹅膏菌
Amanita vaginata (Bull.) Lam.

分类地位 伞菌目，鹅膏菌科，鹅膏菌属

中文别名 灰托柄菇

形态特征 子实体中等或较大，瓦灰色或灰褐色至鼠灰色。菌盖直径3～14厘米，初期近卵圆形，开伞后近平展，中部突起，边缘有明显的长条棱，湿时黏，表面有时附着菌托残片。菌肉白色。菌褶白色至污白色，离生，稍密，不等长。菌柄细长，长7～17厘米，粗0.5～2.4厘米，圆柱形，向下渐粗，污白或带灰色。无菌环，具有白色较大的菌托。孢子无色，光滑，球形至近球形，（8.8～12.5）微米×（7.3～10）微米，非糊性反应。

生态习性 春至秋季于林中地上单生或散生。与树木形成外生菌根。

分布地区 河北、江苏、浙江、安徽、福建、河南、湖北、湖南、广东、广西、海南、四川、贵州、云南、西藏等地。

经济用途 一般认为可食，但曾发生服用后引起中毒的情况，一般发病较快，有头晕、腹痛、呕吐、下痢等症状，中毒严重时，可出现溶血现象，采食时需注意。

引证标本 东经103°30′4″，北纬35°15′50″，海拔2390.40米。

18 白肉色鹅膏菌

Amanita albocreata (Atk.) Gilb.

分类地位 伞菌目，鹅膏菌科，鹅膏菌属

中文别名 雪白鹅膏菌，白鹤茸，鹤茸

形态特征 形态特征子实体较小。菌盖直径 2～7 厘米，初期近扁平，后期近平层，中部稍凸起，湿时黏，淡黄色至乳黄色。中央色暗，表面近平滑，被灰黄褐色角锥状小鳞片，边缘有条棱。菌肉白色，薄，无明显气味。菌褶白色，离生，稍密，褶缘平滑或微粗糙或锯齿状。菌柄圆柱形，长 6～8 厘米，粗 0.5～0.8 厘米，上部黄白色，下部浅黄褐色，表面有小鳞片及长条纹，内部松软至空心，基部膨大。菌环膜质，白色或带淡褐色，易脱落。菌托近杯状或袋状。孢子椭圆形至近球形，无色、光滑，（6～7）微米 ×（5～7）微米。

生态习性 夏秋季生于蒙古栎等阔叶树林地内，散生。

分布地区 海南、广东、甘肃等地。

经济用途 记载可食用，但需慎食。外生菌根菌。

引证标本 东经 103° 30′ 5.3″，北纬 35° 14′ 49.18″，海拔 2387.15 米。

⑲ 浅黄田头菇
Agrocybe pediades (Fr.) Fayod

分类地位 伞菌目，粪伞菌科，田头菇属

中文别名 平田头菇

形态特征 子实体小。菌盖直径 1～3.5 厘米，初期半球形至扁半球形，后期扁平，顶部稍凸，湿润时稍黏，光滑，土黄色至褐黄色，中部褐色，边缘平滑无条纹。菌肉浅土黄色，薄。菌褶初期淡黄褐色，后期褐色至暗褐色，直生，不等长，较宽，稍稀。菌柄近圆柱形，下部有时弯曲，基部稍膨大，同盖色或浅色，有纤毛状细鳞片，内部松软至空心，长 2～6 厘米，粗 0.2～0.5 厘米。孢子印锈褐色。孢子椭圆形或卵圆形，光滑，带浅黄色，有明显的芽孔，（10～13）微米 ×（7～8.5）微米。褶侧囊体近纺锤形，（35～77）微米 ×（10～14）微米。褶缘囊体近纺锤形或近长颈瓶状，（35～40）微米 ×（8.5～10）微米。

生态习性 春至秋季生地上、群生或散生。

分布地区 黑龙江、吉林、辽宁、河北、江苏、湖南、广西、四川、云南、西藏等地。

经济用途 此菌可食用。另外经试验有抗癌功效，对小白鼠肉瘤 180 和艾氏癌的抑制率均为 100%。

引证标本 东经 103° 31′ 46.6″，北纬 35° 14′ 41.7″，海拔 2293.50 米。

20 灰光柄菇
Pluteus cervinus (Schaeff.) Fr.

分类地位 伞菌目，光柄菇科，光柄菇属

中文别名 无

形态特征 菌肉白色，薄。菌褶白色至粉红色，稍密，离生，不等长。菌柄近圆柱形，长 7～9 厘米，粗 0.4～1 厘米，同菌盖色且上部白色，具毛，脆，内部实心至松软。孢子印粉红色。孢子无色，光滑，近卵圆形至椭圆形，稀近球形，（6.2～8.3）微米 ×（4.5～6.2）微米。褶侧和褶缘囊体梭形，顶部具 3～5 角，（52～83）微米 ×（12～16.2）微米。

生态习性 此菌是倒腐木上常见的木腐菌。

分布地区 吉林、河南、山西、江苏、福建、湖南、湖北、甘肃、四川、西藏、新疆等地。

经济用途 可食用，但味道较差。

引证标本 东经 103° 31′ 13.9″，北纬 35° 14′ 3.89″，海拔 2407.90 米。

21 环柄香菇
Lentinus sajur–caju Fr.

分类地位 伞菌目，光茸菌科，香菇属

中文别名 环柄韧伞

形态特征 实体中等至较大。菌盖直径 3～15 厘米，近圆形、脐状至漏斗状，浅黄白色，干后米黄色至浅土黄色，薄，革质，表面光滑，有不明显的细条纹，幼时边缘内卷。菌肉白色，较薄，革质。菌褶近白色，延生，稠密，窄，褶缘完整，基本上等长。菌柄短粗，长 1～2 厘米，粗 0.4～1.7 厘米，圆柱形，白色至污白色，光滑，内部实心。有一个较窄的膜质菌环，一般不易脱落。有菌丝柱，粗 20～40 微米，越子实层 30～40 微米。孢子无色，光滑，长椭圆形，（5～10）微米 ×（2～3）微米。

生态习性 生长在阔叶树倒木上，群生或单生。

分布地区 广东、福建、广西、云南、西藏东南部、海南本岛及西沙群岛等地。

经济用途 幼嫩时可食用，成长后柔韧不可食。益神开胃，化痰理气，主治精神不振、食欲大减、痰核凝聚、上呕下泻、尿浊不禁等症。

引证标本 东经 103° 31′ 11.35″，北纬 35° 14′ 3.13″，海拔 2407.90 米。

22 脆柄菇

Psathyrella candolleana (Fr.) A. H. Smith

分类地位 伞菌目，鬼伞科，脆柄菇属

中文别名 白黄小脆柄菇

形态特征 脆柄菇子实体较小。菌盖初期钟形，后伸展常呈斗笠状，水浸状，直径 3～7 厘米，初期浅蜜黄色至褐色，干时褪为污白色，往往顶部色黄褐色，初期微粗糙，后光滑或干时有皱，幼时盖缘附有白色菌幕残片，后渐脱落。菌肉白色，较薄，味温和。菌褶污白、灰白至褐紫灰色，直生，较窄，密，褶缘污白粗糙，不等长。菌柄细长，白色，质脆易断，圆柱形，有纵条纹或纤毛，柄长 3～8 厘米，粗 0.2～0.7 厘米，有时弯曲，中空。孢子印暗紫褐色。孢子光滑，椭圆形，有芽孔，(6.5～9) 微米 ×(3.5～5) 微米。褶缘囊体袋状至窄的长颈瓶状，顶部纯圆，无色，(34～50) 微米 ×(8～16) 微米。

生态习性 夏秋季在林中、林缘、道旁腐朽木周围及草地上大量群生，或近丛生。

分布地区 河北、山西、黑龙江、吉林、辽宁、内蒙古、新疆、青海、宁夏、甘肃、四川、云南、福建、台湾、湖南、广西、贵州、西藏、香港等地。

经济用途 此菌可食用，虽菌肉薄，但往往野生量大，便于采集食用，以新鲜时食用为宜。四川等不少地区群众喜欢采集此菌做汤菜，其味很好。

引证标本 东经 103° 31′ 13″，北纬 35° 14′ 41″，海拔 2301.50 米。

23 # 黄盖小脆柄菇
Psathyrella candolleana (Fr.) A. H. Smith

分类地位 伞菌目，鬼伞科，脆柄菇属

中文别名 黄盖小脆柄菇，花边伞，薄垂幕菇

形态特征 子实体较小。菌盖初期为钟形，后伸展常呈斗笠状，水浸状，直径 3 ～ 7 厘米，初期浅蜜黄色至褐色，干时褪为污白色，往往顶部黄褐色，初期微粗糙，后光滑或干时有皱，幼时盖缘附有白色菌幕残片，后渐脱落。菌肉白色，较薄，味温和。菌褶污白、灰白至褐紫灰色，直生，较窄，密，褶缘污白粗糙，不等长。菌柄细长，白色，质脆易断，圆柱形，有纵条纹或纤毛，柄长 3 ～ 8 厘米，粗 0.2 ～ 0.7 厘米，有时弯曲，中空。孢子印暗紫褐色。孢子光滑，椭圆形，有芽孔，（6.5 ～ 9）微米 ×（3.5 ～ 5）微米。褶缘囊体袋状至窄的长颈瓶状，顶部纯圆，无色，（34 ～ 50）微米 ×（8 ～ 16）微米。

生态习性 夏秋季在林中、林缘、道旁腐朽木周围及草地上大量群生，或近丛生。

分布地区 山西、黑龙江、吉林、辽宁、内蒙古、新疆、青海、宁夏、甘肃、四川、云南、福建、台湾、湖南、广西、贵州、西藏、香港等地。

经济用途 此菌可食用，虽菌肉薄，但往往野生量大，便于采集食用，以新鲜时食用为宜。在四川等不少地区群众喜欢采集做汤菜，其味很好。

引证标本 东经 103° 31′ 38″，北纬 35° 14′ 50″，海拔 2286.69 米。

㉔ 白绒拟鬼伞
Coprinus lagopus Fr.

分类地位 伞菌目，鬼伞科，鬼伞属

中文别名 白绒鬼伞

形态特征 子实体细弱，较小。菌盖初期圆锥形至钟形，后渐平展，薄，直径 2.5～4 厘米，初期有白色绒毛，后渐脱落，变为灰色，并有放射状棱纹达菌盖顶部，边缘最后反卷。菌肉白色，膜质。菌褶白色，灰白色至黑色，离生，狭窄，不等长。菌柄细长，白色，长可达 10 厘米，粗 0.3～0.5 厘米，质脆，有易脱落的白色绒毛状鳞片，柄中空。孢子椭圆形，黑色，光滑，（9～12.5）微米 ×（6～9）微米。褶侧囊体大，袋状。

生态习性 生肥土上或生林地上。

分布地区 黑龙江、吉林、辽宁、河北、新疆、广西、四川、云南、内蒙古、青海、广东等地。

经济用途 含抗癌活性物质，对小鼠肉瘤 180 和艾氏癌抑制率分别为 100% 和 90%。此菌可作为研究生物遗传材料和教学研究材料。

引证标本 东经 103° 31′ 10″，北纬 35° 14′ 3.35″，海拔 2330.00 米。

25 家园鬼伞
Coprinus domesticus Fr.

分类地位 伞菌目，鬼伞科，鬼伞属

中文别名 无

形态特征 子实体小型。菌盖直径 2～3 厘米，初期钟形到卵圆形，淡黄色，扩展后黄褐色，中部色较深，有时表皮不规则地开裂成麦皮状黄褐色的鳞片，边缘色较浅，有条纹，有时形成波浪状沟纹，呈瓣裂，无晶粒，幼时具污白色颗粒。菌肉白色到污白色，薄。菌褶初期白色、淡黄色、粉红色到黑色，密，离生，不等长，最后与菌盖同时自溶的墨汁状。菌柄白色，长 3～5 厘米，粗 0.3～0.5 厘米，圆柱形，具丝光，有时表皮可断裂而反卷。孢子印黑色。孢子黑褐色，光滑，长椭圆形，（7～9.5）微米 ×（5～6）微米。褶缘囊体无色，光滑，椭圆形到近球形，（23.6～42.4）微米 ×（15.7～28.3）微米。

生态习性 春至秋季于阔叶林中地上、树根部土上丛生。

分布地区 河北等地。

经济用途 幼嫩时可吃。最好不与酒同吃，以免中毒。

引证标本 东经 103° 30′ 58″，北纬 35° 13′ 13″，海拔 2415.20 米。

26 毛头鬼伞
Coprinus comatu

分类地位 伞菌目，鬼伞科，鬼伞属

中文别名 毛鬼伞，鸡腿蘑，刺蘑菇，牛粪菌，鬼伞菌，毛头鬼盖

形态特征 实体较大；菌盖不完全展开，直径 3 ～ 6 厘米，高 6 ～ 11 厘米，人工栽培时最大可达 25 厘米，圆筒形至钟形，表皮淡土黄色，易裂成羽毛状鳞片；菌肉、菌褶白色，开伞后菌肉与菌褶起自溶成墨汁状液体；菌柄长 7 ～ 25 厘米，直径 1 ～ 4 厘米，白色，光滑，向下渐粗，呈鸡腿状；菌环白色，膜质，易消失；孢子（12 ～ 19）微米 ×（7.5 ～ 11）微米，黑色，光滑，椭圆形。

生态习性 春至秋季，生于阔叶林中的草地、田野、林缘、道旁、公园等处，甚至雨季生在茅草屋顶上，单生或群生。

分布地区 毛头鬼伞广泛分布于亚洲、欧洲、大洋洲、北美洲，是一种世界性分布的食用菌。在中国全国范围内广泛生长，东北、华北、西北、西南、华东等地均有分布。

经济用途 可食用，肉质细嫩、营养丰富；可药用，性平，味甘，有益脾胃、清神宁智、治疗痔疮等功效。

引证标本 东经 103° 31′ 13.8″，北纬 35° 14′ 3.13″，海拔 2407.90 米。

27 白鬼伞

Coprinus niveus (Pers.) Fr.

分类地位 伞菌目，鬼伞科，白鬼伞属

中文别名 雪白鬼伞

形态特征 子实体伞状，小型。菌盖卵圆形、锥形至钟形或近平展，直径 1.5～3 厘米，表面纯白色，有一层粗糙的白粉末，边缘有条纹且常开裂反卷。菌肉白色，很薄。菌褶离生，窄而密，灰褐色至黑色，后期液化。菌柄柱状，长 4～10 厘米，粗 0.4～0.7 厘米，白色，表面有白色絮状粉末，向基部渐粗大，质脆。担孢子椭圆至柠檬状，（14.5～19）微米 ×（11～13）微米，黑褐色，光滑。

生态习性 夏、秋季子实体群生或散生于腐熟的牲畜粪或草地上。

分布地区 河南、陕西、甘肃、内蒙古、青海等地。

经济用途 研究、教学。

引证标本 东经 103° 31′ 14.8″，北纬 35° 14′ 3.13″，海拔 2407.90 米。

28 浅橙红乳菇

Lactarius akajatsu Tanaka

分类地位 伞菌目，红菇科，乳菇属

中文别名 无

形态特征 子实体一般中等。菌盖直径 5～13 厘米，半球形，中央下凹呈浅漏斗状，浅橙黄色至淡橙黄色，干时色变淡，表面有不明显环纹，湿时黏，幼时边缘内卷，往往变青绿色。菌肉橙红黄色，靠近菌柄及盖表皮处色更深，乳汁橙红色变青绿色，伤处变青绿色。菌褶橙黄色，延生，稍密，伤处变青绿色。菌柄长 3～10 厘米，粗 1～2.5 厘米，柱形，同盖色，近平滑，松软至空心。孢子有小疣及网纹，宽椭圆形或近球形，（7.5～11）微米 ×（5.5～8.5）微米，有褶缘及褶侧囊状体。

生态习性 夏秋季生于林地上。

分布地区 香港、台湾、青海等地。

经济用途 可食用。

引证标本 东经 103° 31′ 40.25″，北纬 35° 13′ 9.68″，海拔 2370.10 米。

稀褶乳菇
Lactarius hygroporoides Berk. & Curt.

分类地位 伞菌目，红菇科，乳菇属

中文别名 无

形态特征 子实体一般中等大。菌盖直径 2.5 ～ 9 厘米，初扁半球形后平展，中下凹至近漏斗形，光滑或稍有细绒毛，有时中部有皱纹，初内卷后伸展，无环带，虾仁色、蛋壳色至橙红色。菌肉白色，味道柔和，无特殊气味。菌褶直生至稍下延，初白色，后乳黄色至淡黄，稀疏，不等长，褶间有横脉。菌柄长 2 ～ 5 厘米，粗 0.7 ～ 1.5 厘米，中实或松软，圆锥形或向下渐细，蛋壳色或浅橘黄色或略浅于菌盖。孢子印白色。孢子近球形或广椭圆形，有微细小刺和棱纹，（8.5 ～ 9.8）微米 ×（7.3 ～ 7.9）微米。无囊体。

生态习性 夏秋季杂木林中地上，单生或群生。

分布地区 江苏、福建、海南、贵州、湖南、云南、四川、安徽、江西、广西、西藏等地。

经济用途 可食用。

引证标本 东经 103° 31′ 58.29″，北纬 35° 13′ 11.64″，海拔 2362.90 米。

30 毛头乳菇
Lactarius torminosus

分类地位 伞菌目，红菇科，乳菇属

中文别名 疝疼乳菇

形态特征 子实体中等大。菌盖深蛋壳色至暗土黄色，具同心环纹，边缘有白色长绒毛，乳汁白色不变色，味苦。菌盖直径4～11厘米，扁半球形，中部下凹呈漏斗状，边缘内卷。菌肉白色，伤处不变色。菌褶直生至延生，较密，白色，后期浅粉红色。孢子无色，有小刺，宽椭圆形，（8～10）微米 × （6～8）微米。褶侧囊体披针状，（50～60）微米 × （8～10）微米。

生态习性 夏秋季在林中地上单生或散生。

分布地区 黑龙江、吉林、河北、山西、四川、广东、甘肃、青海、湖北、云南、内蒙古、新疆、西藏等地。

经济用途 此菌含胃肠道刺激物，食后会引起胃肠炎或四肢末端剧烈疼痛等病症，又记载含有毒蝇碱等毒素。但我国大兴安岭区和俄罗斯地区部分居民有时食用此菌。子实体含橡胶物质。与栎、榛、桦、鹅耳枥等树木形成菌根。

引证标本 东经103° 31′ 13.8″，北纬35° 14′ 3.13″，海拔2410.90米。

血红菇
Russula sanguinea (Bull.) Fr.

分类地位 伞菌目，红菇科，红菇属

中文别名 小红菇

形态特征 子实体一般中等。菌盖直径 3～10 厘米，扁半球形，平展至中部下凹，大红色，干后带紫色，老后往往局部或成片状褪色。菌肉白色，不变色，味辛辣。菌褶白色，老后变为乳黄色，稍密，等长，延生。菌柄长 4～8 厘米，粗 1～2 厘米，近圆柱形或近棒状，通常为珊瑚红色，罕为白色，老后或触摸处带橙黄色，内部实心。孢子印淡黄色。孢子无色，球形至近球形，有小疣，疣间有连线，但不形成网纹，(7～8.5) 微米 ×（6.1～7.3）微米。褶侧囊体极多，大多呈梭形，有的圆柱形或棒状，其内含物在氢氧化钾（KOH）溶液中呈淡黄褐色，(54～107) 微米 ×（8～18）微米。

生态习性 在松林地上散生或群生。

分布地区 河南、河北、浙江、福建、云南等地。

经济用途 可食用。含抗癌物质，对小白鼠肉瘤 180 和艾氏癌的抑制率均为 90%。

引证标本 东经 103° 31′ 13.8″，北纬 35° 14′ 2.13″，海拔 2431.75 米。

32 黄孢红菇
Russula xerampelina (Schaeff. ex Secr.) Fr.

分类地位 伞菌目，红菇科，红菇属

中文别名 黄孢花盖菇

形态特征 子实体中等至较大。菌盖直径 4 ~ 13 厘米，扁半球形，平展后中部下凹，不黏或湿时稍黏，边缘平滑，老后可有不明显条纹，表皮不易剥离，深褐紫色或暗紫红色，中部色更深。菌肉白色，后变淡黄色或黄色。味道柔和，有蟹气味。菌褶稍密至稍稀，初淡乳黄色，后变淡黄褐色，直生，等长，少有分叉，褶间具横脉。菌柄长 5 ~ 8 厘米，粗 1.5 ~ 2.6 厘米，中实，后松软，白色或部分或全部为粉红色，伤变黄褐色，尤其在柄基部。孢子印深乳黄色或浅赭色。孢子淡黄色，近球形，有小疣，(8.5 ~ 10.6) 微米 × (7.6 ~ 8.8) 微米。褶侧囊体梭形，(64 ~ 100) 微米 × (8 ~ 12.7) 微米。

生态习性 夏秋季针叶林中地上单生或群生。

分布地区 江苏、吉林、辽宁、黑龙江、广东、湖北、河南、云南、新疆等地。

经济用途 可食用。往往产量大，便于收集利用。此菌含抗癌物质，对小白鼠肉瘤 180 的抑制率为 70%，对艾氏癌的抑制率为 80%。与云杉、松、黄杉、铁杉、栎、杨、榛等树木形成菌根。

引证标本 东经 103° 31′ 58.07″，北纬 35° 13′ 11.69″，海拔 2367.00 米。

33 密褶红菇
Russula densifolia Secr. ex Gill.

分类地位 伞菌目，红菇科，红菇属

中文别名 密褶黑菇，火炭菇，小叶火炭菇

形态特征 菌体大。菌盖宽 5.5～10 厘米，初期边缘内卷，中央下凹，脐状，后伸展近漏斗状，光滑，污白色、灰色至暗褐色。菌肉较厚，白色，伤后变红色至黑褐色。菌褶直生或延生，分叉，不等长，窄，很密，近白色至粉红色，受伤变红褐色，老后黑褐色。菌柄短，粗壮，长 2～4 厘米，粗 1.6～2 厘米，初期白色至浅褐色，后期或伤后变红色至黑褐色，实心。担孢子（6.5～9）微米 ×（6～7）微米，卵形或近圆形，具疣，个别组成网纹，无色，淀粉质。

生态习性 夏秋季生于落叶松与阔叶树混交林地内，单生至群生。

分布地区 国内分布多地分布。

经济用途 食用可引发中毒，甚至导致死亡。

引证标本 东经 103° 31′ 12.3″，北纬 35° 12′ 32.10″，海拔 2471.28 米。

34 厚皮红菇
Russula mustelina Fr.，Epicr. Syst. Mycol.

分类地位 伞菌目，红菇科，红菇属

中文别名 无

形态特征 菌盖初期扁半球形，后渐平展至稍凹陷，直径 3～8 厘米，黏，朱红色或暗红色，边缘色略浅，中央暗红色，表面被毛，表皮有时龟裂成鳞片状，边缘完整或有条纹；菌肉白色；菌褶初期白色，后为乳黄色，不等长，有分叉，褶间有横脉，直生；菌柄（3～6）厘米 ×（0.8～1.5）厘米，近圆柱形，白色，有时染有粉红色或带玫瑰红色，内部松软至中空。孢子印白色或浅黄白色；孢子近球形，（7～8.5）微米 ×（6～7）微米，有小刺，无色或稍带淡黄色。

生态习性 生于阔叶林中地上。

分布地区 江苏、福建、广东、广西、贵州等地。

经济用途 食用菌。

引证标本 东经 103° 31′ 58.05″，北纬 35° 13′ 11.36″，海拔 2358.00 米。

金针菇
F.velutipes

分类地位 伞菌目，口蘑科，金钱菌属

中文别名 冬菇，朴菇，构菌，青杠菌，毛柄金钱菌

形态特征 表面黏滑，基部相连，呈族生状。金针菇表面为黄色、深黄褐色或肉桂色，中部色稍深，边缘乳黄色。金针菇丝白色至乳白色或微带肉粉色，长度不等。金针菇子实体一般比较小，多数成束生长，肉质柔软有弹性；菌盖呈球形或扁半球形，直径 1.5～7 厘米，菌盖表面有胶质薄层，湿时有黏性，色白至黄褐；菌肉白色，中央厚，边缘薄，菌褶白色或象牙色，较稀疏，长短不一，与菌柄离生或弯生；菌柄中生，长 3.5～15 厘米，直径 0.3～1.5 厘米，白色或淡褐色，空心。担孢子生于菌褶子实层上，孢子椭圆形或梨核形，（5.5～8）微米 ×（3.5～4.2）微米，无色，光滑。

生态习性 早春和晚秋至初冬于阔叶树腐木桩上丛生。多丛生于榆树、柳树等阔叶林腐木桩上或根部，偶尔也生在多种阔叶树活立木上。

分布地区 中国、俄罗斯、澳大利亚等国及欧洲、北美洲部分地区均有分布。

经济用途 可食用，肉质细嫩，软滑，味鲜宜人，目前人工栽培较广泛。子实体含粗蛋白 31.2%，脂肪 5.8% 及维生素 B1、B2、C、PP，并含有精氨酸，可预防和治疗肝脏系统疾病及胃肠道溃疡。子实体含赖氨酸，对幼儿增加体高和体重十分有益。另外还有天门冬氨酸、组氨酸、谷氨酸、丙氨酸等 10 余种氨基酸，其中人体必需氨基酸 8 种。含有冬菇多糖，具有明显地抗癌作用。子实体热水提取物所含多糖，对小白鼠肉瘤 180 的抑制率达 81.1%～100%，对艾氏癌的抑制率为 80%。

引证标本 东经 103° 31′ 20″，北纬 35° 14′ 18″，海拔 2319.60 米。

36 裂褶菌
Schizophyllum commune Fr.

分类地位 伞菌目，裂褶菌科，裂褶菌属

中文别名 白参菌，树花，鸡冠菌，鸡毛菌

形态特征 子实体小型。菌盖直径 0.6 ～ 4.2 厘米，质地韧，白色至灰白色，薄，面上具绒毛或粗毛，扁形或肾形，边缘往往深裂呈掌状或瓣状。菌肉薄，白色。菌褶窄，从基部辐射而出，白色或灰白色，后期带粉紫色，沿褶的边缘纵裂而反卷。菌柄短或无几。孢子圆柱形，无色，透明，表面光滑，有一斜尖，孢子棍状，（5 ～ 5.5）微米 ×（1.5 ～ 2）微米。孢子印白色。

生态习性 春、秋季，生于阔叶树木或倒木、枯枝上，有时也生于针叶树倒腐木上，单生至群生，常在木耳、香菇、银耳段木上生长。

分布地区 黑龙江、吉林、辽宁、河北、山东、山西、江苏、内蒙古、安徽、江西、河南、湖南、湖北、广东、广西、甘肃、四川、贵州、云南、西藏、浙江、海南、福建、台湾等地。

经济用途 裂褶菌质地柔软细嫩，食味鲜美，且含有特殊香味；营养价值高，含有丰富的氨基酸和人体必需的微量元素，是一种蛋白质含量和质量俱佳的蛋白源。裂褶菌还含有多种活性成分，如裂褶菌多糖、裂褶菌素和固醇等，具有显著的药用价值。

引证标本 东经 103° 31′ 36″，北纬 35° 14′ 47″，海拔 2288.69 米。

绒柄小皮伞
Marasmius confluens (Pers.) P.Karst

分类地位 伞菌目，脐伞科，裸脚菇属

中文别名 群生金钱菌，长腿皮伞

形态特征 子实体小。菌盖直径为 2 ～ 4.5 厘米，半球形至扁平，新鲜时为粉红色，干后变成土黄色，中部颜色较深，幼时边缘内卷，湿润时有短条纹。菌肉很薄，与盖色相同。菌褶弯生至离生，稍密至稠密，窄，不等长。菌柄细长，脆骨质，中空，长 5 ～ 12 厘米，粗 0.3 ～ 0.5 厘米，表面密披污白色细绒毛。孢子印白色。孢子无色，光滑，椭圆形，[7.6 ～ 8（10.3）] 微米 × [3 ～ 4（5.1）] 微米。

生态习性 夏秋季生于林中落叶层上群生或近丛生。

分布地区 黑龙江、吉林、河北、山西、广东、甘肃、青海、四川、云南、江苏、安徽、西藏等地。

经济用途 可食用。该菌往往成群或近丛生，易收集。

引证标本 东经 103° 31′ 9.57″，北纬 35° 14′ 3.26″，海拔 2306.19 米。

38 金毛环锈伞
Pholiota aurivella （Batsch: Fr.）Quél

分类地位 伞菌目，球盖菇科，环锈伞属

中文别名 无

形态特征 子实体伞状，菌盖初期扁半球形，边缘内卷并常有内菌幕残片，后期扁平至平展，直径6～14厘米，湿时黏，干燥时有光泽，金黄色、橘黄色或锈黄色，有角状鳞片，中央的鳞片较密。向边缘鳞片渐少。菌肉淡黄色。菌褶直生至凹生，密，淡黄色至褐黄色。菌柄细长圆柱形，长6～15厘米，粗0.7～1.5厘米，下部常弯曲，上部黄色，下部锈褐色，菌环以下有反卷的鳞片，实心。菌环膜质，生于菌柄上部，易消失。担孢子椭圆形，（6.5～8）微米×（4～5）微米，平滑。有褶缘囊状体和褶侧囊状体，褶缘囊状体棒状，（20～30）微米×（5.5～8.5）微米，无色；褶侧囊状体纺锤形，（20～45）微米×（4.8～8）微米，无色。

生态习性 秋季子实体群生于林中腐木上，可进行人工栽培。

分布地区 分布于吉林、内蒙古、河南、陕西等地。

经济用途 可食用；容易引起木材腐朽。

引证标本 东经103° 31′ 15.8″，北纬35° 14′ 3.13″，海拔2407.90米。

(39) 密枝瑚菌
Ramaria stricta (Pers. : Fr.) Quél

分类地位 伞菌目，珊瑚菌科，枝瑚菌属

中文别名 枝瑚菌，密丛枝

形态特征 子实体高 4～8 厘米，淡黄色或皮革色至土黄色，有时带肉色，变为褐黄色，顶端浅黄色，老后同一色。柄长 1～6 厘米，粗 0.5～1 厘米，色浅，基部有白色菌丝团或根状菌索，双叉分枝数次，形成直立、细而密的小枝，最终尖端有 2～3 齿。菌肉白或淡黄色，内部实心。担子较短，棒状，具 4 小梗，(25～39) 微米 ×(8～9) 微米。孢子在显微镜下近无色，长方椭圆形或宽椭圆形，(7～9.6) 微米 ×(4～5) 微米。

生态习性 在阔叶树的腐木或枝条上群生。

分布地区 西藏、海南、江西、湖南、湖北、云南、安徽、四川、甘肃、山东、浙江等地。

经济用途 可食用。味微苦，具芳香气味。

引证标本 东经 103°31′13.8″，北纬 35°14′3.13″，海拔 2440.90 米。

40 黏液丝膜菌
Cortinarius vibratilis

分类地位 伞菌目，丝膜菌科，丝膜菌属

中文别名 苔丝膜菌

形态特征 子实体一般较小。菌盖直径 4～6 厘米，幼时半球形，后期近平展，中部凸起，表面有黏液，平滑光亮，黄色或浅赭黄褐色，干燥时色变浅。菌肉白色，薄、有苦味。菌褶直生至弯生，密，较窄，初时淡后深肉桂色，不等长。菌柄长 5～6 厘米，粗 0.5～0.9 厘米，圆柱形或向下渐粗，白色，幼时具一层黏液，内部松软至空心。孢子印深肉桂色。孢子椭圆形，微粗糙，（7.5～8）微米×（4.5～5）微米。

生态习性 秋季在云杉林中地上成群生长。

分布地区 黑龙江、吉林、辽宁、四川等地。

经济用途 有记载可食用，但也有记载不可食用。经试验有抗癌功效，对小白鼠肉瘤 180 和艾氏癌的抑制率分别为 100% 和 90%。属树木的外生菌根菌。

引证标本 东经 103°31′22″，北纬 35°14′44″，海拔 2378.10 米。

41

褐紫丝膜菌
Cortinarius nemorensis (Fr.) Lange

分类地位 伞菌目，丝膜菌科，丝膜菌属

中文别名 无

形态特征 子实体中等或稍大。菌盖直径 4～11 厘米，扁半球形至扁平，褐紫色或褐色，稍有纤毛或近平滑，表面稍干燥。菌肉白色或带淡紫色，稍厚。菌褶初期紫褐色，后期变褐色，直生或近弯生，密。菌柄长 4～9 厘米，粗 1～3 厘米，柱形，基部稍膨大，污白色至紫堇色，有纤毛和丝膜。孢子锈色，粗糙，椭圆形或柠檬形，（9～13）微米 ×（6～7）微米。

生态习性 生态习性秋季生于阔叶树林地内，散生。

分布地区 辽宁、吉林等地。

经济用途 可食用。树木外生菌根菌。

引证标本 东经 103° 31′ 22″，北纬 35° 14′ 44.12″，海拔 2378.00 米。

42 裂丝盖伞

Inocybe rimosa (Bull. : Fr.) Quél.

分类地位 伞菌目，丝膜菌科，丝盖伞属

中文别名 裂丝盖菌，裂盖毛锈伞

形态特征 菌肉白色。菌褶凹生近离生，淡乳白色或褐黄色，较密，不等长。菌柄圆柱形，长 2.5～6 厘米，粗 0.5～1.5 厘米，上部白色有小颗粒，下部污白至浅褐色并有纤毛状鳞片，常常扭曲和纵裂，实心，基部稍膨大。孢子印锈色。孢子锈色，光滑，椭圆形或近肾形，（10～12.6）微米 ×（5～7.5）微米。褶侧囊体瓶状，顶端有结晶，（76～107）微米 ×（20～28）微米。

生态习性 夏秋季成群或单独生长在林中或道旁树下地上。

分布地区 吉林、河北、江苏、青海、云南、西藏、新疆、香港等地。

经济用途 此种毒菌曾在北京、山西等地区引发过中毒事件。服用后，潜伏期半小时至 2 小时，主要产生神经精神病状，如精神错乱。其他症状包括大汗、流涎、瞳孔缩小、视力减退、发冷发热、牙关紧闭、小便后尿道刺痛、四肢痉挛。甚至有的服用者因大量出汗引起虚脱而死亡。早期催吐或用阿托品疗效较好。

引证标本 东经 103° 31′ 13.8″，北纬 35° 13′ 3.13″，海拔 2507.90 米。

43 污白丝盖伞
Inocybe geophylla (Sow.; Fr.) Kummer

分类地位 伞菌目，丝膜菌科，丝盖伞属

中文别名 土味丝盖伞

形态特征 子实体较小。菌盖直径 1 ～ 2.5 厘米，初期钟形，后平展中部凸起，表面干近污白色，中部带黄色，具放射状纤毛且有丝光，盖边缘呈齿状。菌肉白色，薄。菌褶较密，灰褐色，直生后弯生。菌柄圆柱形，长 3 ～ 6 厘米，粗 0.2 ～ 0.3 厘米，白色，顶部具粉状物，内部实心，后变中空。孢子椭圆形，平滑，淡褐色，（7 ～ 9）微米 ×（4.5 ～ 5）微米，内含颗粒。褶侧囊体中部膨大呈纺锤形，厚壁，顶端有结晶，（40 ～ 52）微米 ×（12 ～ 16）微米。缘囊体丛生。

生态习性 夏秋季在林中地上群生或散生，并与树木形成菌根。

分布地区 黑龙江、吉林、广东等地。

经济用途 据记载此种有毒，外形与有毒的裂丝盖伞、黄丝盖伞相似，有可能含有近似的毒素。

引证标本 东经 103° 31′ 14.8″，北纬 35° 14′ 5.13″，海拔 2401.90 米。

亚黄丝盖伞
Inocybe cookei Bres.

分类地位 伞菌目，丝膜菌科，丝盖伞属

中文别名 无

形态特征 子实体小。菌盖直径 2～5 厘米，初期近锥形，后期平展中部凸起，表面黄土色至带黄褐色，被纤毛状条纹及鳞片。菌肉白色至黄白色。菌褶近离生，青褐色，不等长。菌柄近柱形，长 2～6 厘米，粗 0.2～0.8 厘米，表面有纤维状条纹，基部膨大，内部实心。孢子黄锈色，光滑，椭圆形，（7～10）微米 ×（4～5.5）微米。褶缘囊体近宽棒状，（21～38）微米 ×（10～15）微米。

生态习性 秋季生于落叶松林下地上，群生。

分布地区 辽宁、吉林、云南、西藏、新疆等地。

经济用途 记载有毒。

引证标本 东经 103° 31′ 15.06″，北纬 35° 14′ 6.26″，海拔 2408.85 米。

45 卷边网褶菌
Paxillus involutus (Batsch) Fr.

分类地位 伞菌目，网褶菌科，网褶菌属

中文别名 卷边桩菇

形态特征 子实体中等至较大，浅土黄色至青褐色。菌盖边缘内卷，表面直径5～15厘米，最大达20厘米，开始扁半球形，后渐平展，中部下凹或漏斗状，湿润时稍黏，老后绒毛减少至近光滑。菌肉浅黄色，较厚。菌褶浅黄绿色，青褐色，受伤变暗褐色，较密，有横脉，延生，不等长，靠近菌柄部分的菌褶间连接成网状。菌柄同盖色，往往偏生，长4～8厘米，粗1～2.7厘米，内部实心，基部稍膨大。孢子锈褐色，椭圆形，光滑，（6～10）微米×（4.5～7）微米。褶侧囊体呈棒状，黄色，（23～30）微米×（8.5～11）微米。

生态习性 春末至秋季多在杨树等阔叶林地上群生，丛生或散生。

分布地区 河北、北京、吉林、黑龙江、福建、山西、宁夏、安徽、湖南、广东、四川、云南、云南、贵州、西藏等地。

经济用途 含褐色色素，伤处变褐棕色，东北及其他一些地区广泛采食，但有报道有毒或生吃有毒，引发胃肠道病症，采食时需注意。有囊体。此种是"舒筋散"中药的成分之一，有治腰腿疼痛、手足麻木、筋骨不舒的功效。与杨、柳、落叶松、云杉、松、桦、山毛榉、栎等树木形成菌根。

引证标本 东经103° 31′ 12.9″，北纬35° 14′ 0.88″，海拔2346.50米。

46 黏锈耳
Crepidotas mollis (Schaeff. : Fr.) Gray

分类地位 伞菌目，锈耳科，黏锈耳属

中文别名 软靴耳

形态特征 子实体小。菌盖直径 1 ～ 5 厘米，半圆形至扇形，水浸后半透明，黏，干后全部纯白色，光滑，基部有毛，初期边缘内卷。菌肉薄。菌褶稍密，从盖至基部辐射而出，延生，初白色，后变为褐色。孢子印褐色。孢子椭圆形或卵形，淡锈色，有内含物，（7.5 ～ 10）微米 ×（4.5 ～ 6）微米。褶缘囊体柱形或近线形，无色，（35 ～ 45）微米 ×（3 ～ 6）微米。

生态习性 生于腐木上叠生。

分布地区 河北、山西、吉林、江苏、浙江、湖南、福建、河南、广东、香港、陕西、青海、四川、云南、西藏等地。

经济用途 可食用，但个体较小，食用意义不大。

引证标本 东经 103° 31′ 12.4″，北纬 35° 14′ 1.14″，海拔 2305.83 米。

47 柔锥盖伞

Conocsbe tenera（Schaeff. Fr.）Fayod

分类地位 伞菌目，锈伞科，锥盖伞属

中文别名 柔弱锥盖伞，细帽伞

形态特征 子实体伞状，细小，脆弱。菌盖钟形至斗笠形，顶部钝，表面湿润，光滑，无毛，黄褐色至浅红褐色，中部色深，周围有放射状条纹，直径 1～2 厘米。菌肉很薄。菌褶黄褐色至锈色，直生，较密，不等长。菌柄细长，易折断，长 7～10 厘米，粗 0.1～0.3 厘米，基部膨大，中空，与菌盖同色。孢子印锈色。担孢子椭圆至卵圆形，（10～12）微米 ×（5～7）微米，光滑，浅黄褐色。囊状体瓶状，顶部有一个小圆头。

生态习性 夏秋季子实体单生或散生于草地上。

分布地区 河南、广东、山西、江苏、新疆、福建、湖南、云南、贵州、四川、重庆、甘肃等地。

经济用途 据报道有毒，其毒素不明。

引证标本 东经 103° 24′ 20″，北纬 35° 14′ 45″，海拔 2476.10 米。

盘菌目

48 碟形马鞍菌
Helvella acetabulum (L.) Quél.

分类地位 盘菌目，马鞍菌科，马鞍菌属

中文别名 无

形态特征 子囊果较小，子囊盘即菌盖部呈盘状或近似碟状至杯状，偶不规则，直径 2～8 厘米，子实层呈褐色至暗褐色，干时色较深暗，外侧面色近似，近柄部色浅，柄长 1.5～4 厘米，粗 0.5～1.5 厘米，污白色带浅褐黄色，有明显的棱脊向盖部延伸。子囊圆柱形，（200～300）微米 ×（12～15）微米。孢子无色，光滑，椭圆形，8 枚，单行排列，孢子内常含一大油滴，（16～22）微米 ×（10～14）微米。侧丝细长呈线形，有横隔，不分枝，顶部稍膨大。

生态习性 夏秋季生于林中地上，散生或单生。

分布地区 山西、陕西、甘肃、青海、四川、云南、河北、新疆等地。

经济用途 记载含微毒，不宜食用。

引证标本 东经 103° 31′ 40.82″，北纬 35° 13′ 9.22″，海拔 2371.79 米。

49 棱柄马鞍菌
Helvella lacunosa Afz.: Fr.

分类地位 盘菌目，马鞍菌科，马鞍菌属

中文别名 多洼马鞍菌

形态特征 子囊果小。褐色或暗褐色，菌盖马鞍形。菌盖直径 2～5 厘米，表面平整或凸凹不平，盖边缘不与菌柄连接。菌柄长 3～9 厘米，粗 0.4～0.6 厘米，灰白至灰色，具纵向沟槽。子囊（200～280）微米×（14～21）微米。孢子椭圆形或卵形，光滑，无色，含一大油滴，（15～22）微米×（10～13）微米。每个子囊里有 8 个孢子。侧丝细长，有或无隔，顶部膨大，粗达 5～10 微米。

生态习性 夏秋季在林中地上单个或成群生长。

分布地区 黑龙江、吉林、河北、山西、青海、甘肃、陕西、江苏、四川等地。

经济用途 此种可食用，但也有记载有毒不宜采食。有时此种菌菌盖多皱曲，外形与鹿花菌近似。

引证标本 东经 103° 31′ 13.8″，北纬 35° 15′ 3.14″，海拔 2307.90 米。

50 皱柄白马鞍菌
Helvella crispa (Scop.) Fr.

分类地位 盘菌目，马鞍菌科，马鞍菌属

中文别名 皱马鞍菌

形态特征 子实体较小。菌盖初始马鞍形，后张开呈不规则瓣片状，2～4厘米，白色到淡黄色。子实层生菌盖表面。柄白色，圆柱形，有纵生深槽，形成纵棱，长5厘米，粗2厘米。

生态习性 在林中地上单生或群生。

分布地区 河北、山西、黑龙江、江苏、浙江、西藏、陕西、甘肃、青海、四川等地。

经济用途 可食用，味道较好。此种与乳白马鞍菌（*H.lactea*）近似。

引证标本 东经103°31′13.8″，北纬35°14′3.28″，海拔2453.90米。

51 马鞍菌
Ascomycetes

分类地位 盘菌目，马鞍菌科，马鞍属

中文别名 弹性马鞍菌，小马鞍菌

形态特征 子囊果小。菌盖马鞍形，宽 2～4 厘米，蛋壳色至褐色或近黑色，表面平滑或卷曲，边缘与柄分离。菌柄圆柱形，长 4～9 厘米，粗 0.6～0.8 厘米，蛋壳色至灰色。子囊（200～280）微米 ×（14～21）微米，孢子 8 个单行排列。孢子无色，含一大油滴，光滑，有的粗糙，椭圆形，[17（16.5）～22（23）] 微米 ×（10～14）微米。侧丝上端膨大，粗 6.3～10 微米。

生态习性 夏秋季生于林中地上，往往成群生长。

分布地区 吉林、河北、山西、陕西、甘肃、青海、四川、江苏、浙江、江西、云南、海南、新疆、西藏等地。

经济用途 记载可以食用，但孢子有毒，食用前需洗净。

引证标本 东经 103° 31′ 13.8″，北纬 35° 14′ 3.13″，海拔 2437.90 米。

52 鹿花菌
Gyromitra esculenta (Pers.) Fr.

分类地位 盘菌目，马鞍菌科，鹿花菌属

中文别名 无

形态特征 子实体大型，具菌柄和菌盖；菌盖近球形至不规则，直径2~12厘米，表面微皱至高度扭曲呈脑状，初红褐色，后变为暗褐色至近黑褐色，有时略带灰褐色或紫褐色，边缘或内面近边缘外与柄相连，内部中空，灰白色至乳白色，瓣片薄，脆骨质，菌柄白色至乳白色，有时带淡褐色或淡黄色，粗壮，内部白色松软至近中空，长 2 ～ 6 厘米，直径 1 ～ 3 厘米，表面近平坦至具数条纵沟。囊盘被组织不分层，全部为菌丝组成（交错丝组织型），菌丝近无色，分枝，分隔，薄壁，直径 3 ～ 7.5（10）微米；子囊圆柱状，（300 ～ 350）微米 ×（16 ～ 18）微米，遇碘不变蓝，8 孢子型；孢子椭圆形，无色，（18 ～ 26）微米 ×（9 ～ 14）微米，内含 2 个油球，油球直径 2.5 ～ 4.5 微米，光学显微镜下近平滑，侧丝线形，少分枝，分隔，直径 4 ～ 5 微米，顶部膨大呈棒状，达 6 ～ 8 微米，壁呈锈红色。

生态习性 春季和初夏多生长在松柏树下的沙质土壤中。

分布地区 甘肃、四川、云南、吉林、山西、新疆、湖北、西藏、黑龙江、青海等地。

经济用途 有毒，未发现突出作用。

引证标本 东经 103° 31′ 44.3″，北纬 35° 13′ 11.28″，海拔 2408.23 米。

53 波缘盘菌
Peziza repanda Pers.

分类地位 盘菌目，盘菌科，盘菌属

中文别名 盘菌

形态特征 子囊盘中等至较大，无柄或近无柄，直径6～8（12）厘米，初期杯状，后伸展，边缘完整呈波状向内卷，黄褐色至褐色，外侧近白色，粗糙。子囊圆柱形，（200～270）微米×（12～14）微米。孢子光滑，无色，椭圆形，含油滴，（13～18）微米×（8～10）微米。侧丝细长，顶端带黄褐色，稍膨大。

生态习性 夏秋季生长在倒伏的腐烂木上。往往数枚群生在一起。

分布地区 吉林、四川、新疆、西藏等地。

经济用途 记载可食用。

引证标本 东经 103° 32′ 44″，北纬 35° 13′ 44″，海拔 2328.40 米。

54 茎盘菌
Peziza ampliata Pers.

分类地位 盘菌目，盘菌科，茎盘菌

中文别名 黄盘菌

形态特征 子实体小。子囊盘直径 2～3 厘米，近杯状或碗状，后期近平展，质脆，无柄，内侧浅黄色，平滑，外侧污白色，有细粉粒。子囊长柱形，（210～260）微米 ×（11～12）微米，孢子 8 个单行排列，光滑，近椭圆形，（17～18）微米 ×（8～9）微米。侧丝线形，顶端稍粗，5～6 微米。

生态习性 夏秋季生于林中灌木茎上。

分布地区 吉林、江苏、四川、新疆等地。

经济用途 不详。

引证标本 东经 103° 31′ 13.8″，北纬 35° 14′ 3.13″，海拔 2407.90 米。

55 碗状瘤杯菌
Tarzetta catinus (Holmsk.) Korf & J.K. Rogers

分类地位 盘菌目，盘菌科，疣杯菌属

中文别名 无

形态特征 子囊盘杯状或碗状，直径1～4厘米，边缘向内卷，白黄色至污白色，内侧近平坦，外侧有明显的粗糙小疣。子囊柱状，细长，（280～350）微米×（14～23）微米，内含8个子囊孢子，单行排列。子囊孢子近卵圆形或椭圆形，（20～25）微米×（11～13）微米，无色，光滑，内含2个大油滴。侧丝线形，有隔，顶端膨大或近指状，粗约4微米。

生态习性 夏、秋季子实体散生或群生于混交林内的枯枝落叶层上。

分布地区 广泛分布于各地。

经济用途 不详。

引证标本 东经103°31′14.12″，北纬35°13′23.14″，海拔2398.03米。

蘑菇目

56 臭粉褶菌
Rhodophyllus nidorasus（Fr.）Quel

分类地位 蘑菇目，粉褶蕈科，粉褶蕈属

中文别名 臭赤褶菌

形态特征 菌盖直径2～3.5厘米，球形，后平展中部凸起，淡黄褐色或灰黄褐色，水渍状，黏，丝状纤维状，有时干性，边缘波状，开裂。菌肉白色。菌褶直生，宽，不等长，白色，枯草黄色或淡粉色，波状带暗色边缘。菌柄长4～7厘米，粗0.4～0.8厘米，光滑，中空，上部有白色，海纤维状，白色后黄色，有纵条纹。孢子印粉红色。孢子椭圆形，带淡粉色，有1～2个油滴，（7～10）微米×（6～7.5）微米。

生态习性 夏秋季生于阔叶林或针叶林地内，群生。

分布地区 辽宁、吉林、湖南、四川、云南等地。

经济用途 记载有毒。树木外生菌根菌。

引证标本 东经103°24′18″，北纬35°14′43″，海拔2481.90米。

野生鬼伞
Coprinus silpaticus Peck

分类地位 蘑菇目，蘑菇科，鬼伞属

中文别名 林地鬼伞

形态特征 子实体小。菌盖直径 1 ～ 3 厘米，卵圆形或锥形至稍开展，淡黄褐色，顶部赭黄色，长条棱接近盖顶。菌肉白色，薄。菌褶浅灰黄色至褐黑色。菌柄长 4 ～ 8 厘米，粗 0.3 ～ 0.5 厘米，白色变至浅黄褐色，脆。孢子光滑，深褐色，近卵圆形或椭圆形，（11 ～ 14.5）微米 × （8 ～ 10）微米。

生态习性 秋季生于阔叶杂木林地内或腐木上，群生。

分布地区 辽宁、河北、甘肃等地。

经济用途 食用及其他用途不明。

引证标本 东经 103° 31′ 13.8″，北纬 35° 14′ 3.13″，海拔 2407.90 米。

58 黄黏滑菇
Hebeloma versipelle (Fr.) Cill.

分类地位	蘑菇目，丝膜菌科，黏滑菇属
中文别名	黄滑锈伞，黄盖黏滑菇

形态特征 子实体较小。菌盖直径 3.5 ～ 8 厘米，扁半球形至扁平，中部平或稍凸，表面乳白色，中央色深，呈红褐色、铜褐色，边缘平滑。菌肉污白色。菌褶米黄色至褐黄色，近直生稍密，不等长。菌柄一般较短，长 6 ～ 8 厘米，粗 0.8 ～ 1.8 厘米，污白色，平滑，内部实心至松软。孢子浅锈色，粗糙，有麻点，宽椭圆形，（8 ～ 11）微米 ×（6 ～ 7）微米。

生态习性 秋季生于阔叶树林地内，单生或散生。

分布地区 辽宁、云南、甘肃、青海等地。

经济用途 食用及其他用途不明。

引证标本 东经 103° 24′ 17″，北纬 35° 14′ 39″，海拔 2483.80 米。

59 褶纹近地伞

Parasola plicatilis（Curtis）Redhead

分类地位 蘑菇目，小脆柄菇科，近地伞属

中文别名 褶纹鬼伞，射纹近地伞

形态特征 子实体小。菌盖直径 0.8 ～ 2.5 厘米，初期扁半球形，后平展，中部扁压，膜质，褐色，浅棕灰色，中部近栗色，有辐射状明显的长条棱，光滑。菌肉白色，很薄。菌褶较稀，狭窄，成熟为黑色，明显的离生。菌柄长 3 ～ 7.5 厘米，粗 0.2 ～ 0.3 厘米，圆柱形，白色，中空，表面有光泽，脆，基部稍膨大。孢子宽卵圆形，光滑，黑色，（8 ～ 13）微米 ×（6 ～ 10）微米。有褶侧和褶缘囊体。

生态习性 春秋季生于红松林地内，单生或群生。

分布地区 辽宁、甘肃、江苏、山西、四川、西藏、香港等地。

经济用途 记载可食用，因子实体小，食用意义不大。另记载，经试验有抗癌作用。

引证标本 东经 103° 24′ 2″，北纬 35° 13′ 57″，海拔 2511.90 米。

60 红顶小菇
Mycena acicula

分类地位 蘑菇目，小菇科，小菇属

中文别名 红橘小菇，针形小菇

形态特征 子实体中等至较大。菌盖宽 6～13 厘米，肉质，初期钟形到半球形，后平展，中凸起，中部浅朽叶色，边缘白色，有浅褐色的块状鳞片，向外逐渐变稀少，并变小。菌肉白色。菌褶白色，离生，不等长。菌柄长 6～18 厘米，粗 0.5～1 厘米，圆柱形，肉质，有白色纤毛状鳞片，内部松软到中空，基部膨大呈球形。菌环白色，膜质，生柄之上部，后与菌柄分离，能上下移动。孢子印白色。孢子无色，宽椭圆形至卵圆形，（12.6～18.5）微米×（9.1～11）微米。

生态习性 夏秋季生林中草地上或空旷处的地上，单生或散生。

分布地区 河北、甘肃、青海、四川、台湾、山西、广东、贵州、云南、吉林、海南等地。

经济用途 不可食用。

引证标本 东经 103°31′5″，北纬 35°13′41″，海拔 2372.30 米。

61 伯特路小皮伞
Maresmius berteroi (LEv.) Murrill

分类地位 蘑菇目，小皮伞科，小皮伞属

中文别名 无

形态特征 子实体小。菌盖直径 0.4～2 厘米，斗笠状或钟形，常皱缩，橙黄色、橙红色、呈褐色至暗褐色，菌盖表面干，被短绒毛，有沟纹，中火微四色深。菌肉薄，近白色或近盖色。菌褶贴生至直生，不等长，白色至浅黄色。菌柄长 2～4 厘米，粗 0.05～0.1 厘米，与菌盖同色或紫褐色，上部色浅，坚硬，有光泽，基部常有白色菌丝体。担孢子（10～15）微米 ×（3～4.5）微米，梭形至披针形，光滑，无色。

生态习性 夏秋季生于落叶松、白桦泥交林地内的枯死枝上，单生或散生。

分布地区 华南地区。

经济用途 食用及其他用途不明。

引证标本 东经 103° 24′ 20″，北纬 35° 14′ 45″，海拔 2478.10 米。

62 群生裸柄伞
Gymnopus confluens (Pers.) Antonin, Halling & Noordel.

分类地位 蘑菇目，类脐菇科，裸柄伞属

中文别名 无

形态特征 菌盖体小。直径 2～4 厘米，钟形至凸镜形，后渐平展，淡褐色至淡红褐色，中部色较深，微突，光滑，具放射状条纹或小纤维。菌褶：弯生至离生，稠密，窄，不等长，浅灰褐色至米黄色，褶缘白色。菌柄细长，长 4～12 厘米，粗 3～5 毫米，圆柱形，脆骨质，中空，表面光滑或具沟纹，淡红褐色，向基部颜色渐深，具白色绒毛。菌肉较薄，淡褐色。担孢子（5.5～8.5）微米 ×（3～4.5）微米，椭圆形，光滑，无色，非淀粉质。

生态习性 夏季或秋季生于林中腐枝层或落叶层上。群生或近丛生。

分布地区 西藏、广东、云南、安徽、四川、甘肃、山西、陕西、山东、江苏、青海、内蒙古、辽宁、吉林、宁夏、河北、河南等地。

经济用途 可食用。但易与有毒菌混淆，谨慎食用。

引证标本 东经 103° 32′ 11.2″，北纬 35° 13′ 3.21″，海拔 2423.16 米。

多孔菌目

二型栓孔菌
Trametes biformis (Fr.) Pilat

分类地位 多孔菌目，多孔菌科，栓孔菌属

中文别名 二型云芝，二型多孔菌，二型革盖菌

形态特征 子实体较小，一年生，革质，菌盖多为覆瓦状生长，薄，半圆形，基部狭窄呈扇形，或相互连接，直径 2～6 厘米，厚 1～3 毫米，表面灰白色到浅黄褐色，具短密毛并有环纹，边缘很薄而锐，干时明显向下卷曲。菌肉白色，柔韧。管孔短齿状，长 0.5～1.5 毫米。后期浅褐色至灰褐色。囊体近纺锤形，顶端有结晶。孢子长椭圆形，稍弯曲，无色，平滑，（5～7）微米 ×（2～2.5）微米。

生态习性 夏秋季生于阔叶树腐木上，群生。

分布地区 黑龙江、内蒙古、河北、山西、江苏、浙江、云南等地。

经济用途 引起多种树木木质白色腐朽。对小白鼠肉瘤 180 的抑制率为 70%，对艾氏癌的抑制率为 60%。

引证标本 东经 103°24′19″，北纬 35°14′42″，海拔 2481.40 米。

64 宽棱木层孔菌
Phe'l'linus torulosus (Pers.) Bourdot & Galzin.

分类地位 多孔菌目，多孔菌科，木层孔菌属

中文别名 簇毛针层孔菌，剑皮树菌，宽棱针层孔

形态特征 子实体小至中等大，木栓质至木质，无柄侧生或半平伏。菌盖扁平，黄褐色至深灰褐色，后期变为灰黑色，有较宽的同心环棱，（5～8）厘米×（7～16）厘米，厚8～25毫米。盖边缘钝，在生长时期膨大且有绒毛，黄褐色，后期变薄，色深，下侧无子实层。菌肉锈褐色，后期咖啡色，具环纹，厚5～10毫米，菌管多层，但层次不甚明显，每层厚2～3毫米，与菌肉同色。内部灰色。管口色较暗，生长期间带紫色，壁厚，圆形，每毫米5～6个。

生态习性 生于杨、栎、柞、樱桃等树干基部、枯立木或枯枝上，多年生。

分布地区 黑龙江、吉林、河北、浙江、江西、云南、广西、广东、海南、台湾、福建等地。

经济用途 引起多种树木木质白色腐朽，为木腐菌。

引证标本 东经103°25'26″，北纬35°13'53″，海拔2508.80米。

65 黄多孔菌
Polyporus elegans Fr.

分类地位 多孔菌目，多孔菌科，多孔菌属

中文别名 杂蘑

形态特征 子实体中等。菌盖扇形，近圆形至肾形或漏斗状，直径 3～9厘米，厚2～8厘米，新鲜时柔软，干时硬，光滑，蛋壳色至深肉桂色，常有辐射状细条纹。菌薄，白色至近白色，厚1～6毫米，菌管延生，长1～3毫米，管口多角形至近圆形，近白色或稍暗，每毫米4～5个。菌柄偏生或侧生，长0.5～5厘米，粗3～7毫米，光滑，上部同盖色，下部尤其基部近黑色。孢子圆柱形，光滑，无色，（6.8～10.4）微米 ×（2.5～3.8）微米。

生态习性 夏秋季生于阔叶树腐木及枯树枝上，往往散生或群生。

分布地区 黑龙江、吉林、陕西、山西、甘肃、四川、安徽、青海、浙江、江西、云南、广西、福建、新疆、西藏等地。

经济用途 具有追风散寒、舒筋活络的功效，能够缓解腰腿疼痛、手足麻木、筋络不舒等症状。

引证标本 东经103° 31′ 13.8″，北纬35° 14′ 3.13″，海拔2408.90米。

66 裂拟迷孔菌
Daedaleopsis confragosa

分类地位 多孔菌目，多孔菌科，日本拟迷孔菌属

中文别名 粗糙拟迷孔菌

形态特征 担子果一年生，无柄，木栓质。菌盖半圆形或近扇形，扁平至垫状，（2.5～7）厘米×（2～12）厘米，厚0.5～2厘米，表面近白色到浅黄色，有时基部呈褐色，初期有细绒毛，后变光滑，具同心环纹和放射状纵条纹，有时具小疣；边缘薄而锐，颜色较深并稍内卷。菌肉近白色至浅褐色，厚1～8毫米。菌管与菌肉同色，长4～14毫米，基部有时呈迷宫状，边缘呈褶状并有少数分叉，褶间距约1毫米。孔面与菌盖同色或稍暗；管口略圆形，每毫米1.5～2个，薄壁常呈锯齿状。菌丝系统三体型；生殖菌丝透明，薄壁，具锁状联合，直径3.5～5微米；骨架菌丝无色，厚壁，直径3～6毫米；缠绕菌丝无色，厚壁，分枝，直径1.5～2.5微米。担孢子圆柱形，稍弯曲，透明、平滑，（7～10）微米×（2～2.5）微米。子实层中有树枝状菌丝，可突出子实层外。

生态习性 生于阔叶树上，如桦、赤杨、柳等树上。稀生于针叶树上。所生长的木材白色腐朽。

分布地区 分布广泛。

经济用途 供药用。

引证标本 东经103°31′13.8″，北纬35°14′3.13″，海拔2423.90米。

67 云芝
Coriolus versicolor (L. ex Fr.) Quel

分类地位 多孔菌目，多孔菌科，栓菌属

中文别名 杂色云芝，黄云芝，变色菌栓

形态特征 本品菌盖单个呈扇形、半圆形或贝壳形，常数个叠生成覆瓦状或莲座状；直径1～10厘米，厚1～4毫米。表面密生灰、褐、蓝、紫黑等颜色的绒毛，构成多色的狭窄同心性环带，边缘薄；腹面灰褐色、黄棕色或淡黄色，无菌管处呈白色，菌管密集，管口近圆形至多角形，部分管口开裂成齿。革质，不易折断，断面菌肉类白色，厚约1毫米；菌管单层，长0.5～2毫米，多为浅棕色，管口近圆形至多角形，每1毫米有3～5个。气微，味淡。

生态习性 野生，生于多种阔叶树木桩、倒木和树枝上。在世界各地森林中均有分布。

分布地区 世界各地森林中均有分布。

经济用途 供药用。

引证标本 东经103°31′13.5″，北纬35°14′4.13″，海拔2447.90米。

68 硫黄伏革菌
Corticium bicolor Peck

分类地位 多孔菌目，革菌科

中文别名 无

形态特征 子实体于枯木上平伏生长，呈块状，薄，淡红色、橘红色至硫黄色，边缘色稍浅；孢子无色，椭圆形，（7.5 ~ 10）微米 ×（5 ~ 6）微米。

生态习性 夏秋季于枯木上成片生长。

分布地区 广泛分布于我国南方地区，如重庆等地。

经济用途 为木材腐朽菌。

引证标本 东经 103° 24′ 17″，北纬 35° 14′ 39″，海拔 2484.00 米。

平盖灵芝
Ganoderma applanatum (Pers.) pat

分类地位 多孔菌目,灵芝科,灵芝属

中文别名 扁木灵芝,皂菌耳,青芝

形态特征 子实体多年生,无柄,木质。菌盖半圆形,近扇形,表面灰白色、灰褐色或锈褐色,菌肉棕褐色至深褐色,菌管褐色,有白色菌丝填充,孢子卵形或顶端平截双层壁,外壁无色,平滑,内壁有小刺。

生态习性 在多种阔叶树、枯立木、倒木和树桩上。多年生,寿命可达20余年或更长。

分布地区 安徽、湖北、广西、四川、百色、贵州等地。

经济用途 热水提取物对小白鼠肉瘤180的抑制率为64.9%。

引证标本 东经103°31′12.5″,北纬35°14′1.63″,海拔2379.29米。

70 拟蜡孔菌
Ceriporiopsis gilvescens (Bres.) Dom.

分类地位 多孔菌目，平革菌科，蜡孔菌属

中文别名 无

形态特征 担子果一年生，平伏，中部稍厚，向边缘逐渐变薄，菌体与基物不易分离，新鲜时蜡质、棉质至软革质，白色，奶油色，红酒色，肉红色，无味，干后革质或脆质，浅褐色或红褐色，长达15厘米，宽达4厘米，厚4毫米。新鲜时孔口表面呈白色，不育边缘窄或无，乳白色线毛状。孔口圆形或多角形，每毫米5～6个，有时个别孔口较大。菌肉层极薄，软革质厚约0.1毫米。菌丝系统一体系。生殖菌丝具锁状联合。担孢子长椭圆形，无色，壁薄，光滑，大小（4.1～4.8）微米×（1.8～2）微米。

生态习性 夏季生于阔叶树林下腐木上，群生。

分布地区 吉林、辽宁、河南、山西、陕西、湖北、西藏等地。

经济用途 引起多种树木木质白色腐朽，为木材腐朽菌。

引证标本 东经103°24′6″，北纬35°13′40″，海拔2533.40米。

非褶菌目

71 平滑木层孔菌
Phellinus laeigedus（CFt）Bourdor & Galin

分类地位 非褶菌目，多孔菌科，木层孔菌属

中文别名 无

形态特征 担子果多年生，平伏或有时平伏反卷，单生，新鲜时木栓质，无嗅无味，干后硬木质，长可达30厘米，宽可达10厘米，厚可达2厘米；有菌盖时，其长可达0.5厘米，宽可达6厘米，厚可达2厘米。菌盖表面黄褐色至黑褐色，无环带或具不明显的环带，光滑，通常具明显的皮壳，后期开裂；边缘钝；孔口表面灰褐色、黑红褐色至黑褐色，具强折光反应，孔口通常圆形，每毫米7～9个。管口边缘厚，全缘。菌肉深褐色，硬木质厚可达2毫米。菌管与孔口表面同色，硬木质，长可达1.5厘米，菌管分层不明显。子实层中有锥形刚毛，黑褐色，厚壁；担子短棍棒状，具4个担孢子梗，基部具一横隔膜，（8～12）微米×（4～5.5）微米。担孢子宽椭圆形，无色，厚壁，光滑，（3～4）微米×（2.2～3）微米。

生态习性 腐生在桦属树木的储木上，在贮木场的原木上常见。

分布地区 山西、辽宁、吉林、黑龙江、河南、湖北、四川、重庆、云南、陕西、新疆等地。

经济用途 可造成木材白色腐朽。

引证标本 东经103°25′26″，北纬35°13′53″，海拔2508.80米。

72 漏斗大孔菌
Farolus arculariaus (Batsch：Fr.）Ames.

分类地位	非褶菌目，多孔菌科，大孔菌属
中文别名	漏斗棱孔菌
形态特征	子实体一般较小。菌盖直径1.5～8.5厘米，扁平，中部脐状，后期边缘平展或翘起，似漏斗状，薄，褐色黄褐色至深褐色，有深色鳞片，无环带，边缘有长毛，新鲜时韧肉质，柔软，干后变硬且边缘内卷，吸收水分湿润时恢复原状。菌肉薄厚不及1毫米，白色或污白色。菌管延生，长1～4毫米，白色，干时呈草黄色，管口近长方圆形，辐射状排列，直径1～3毫米。菌柄圆柱形，中生，同盖色，往往有深色鳞片，基部有污白色粗绒毛。长2～8厘米，粗1～5毫米。孢子无色，长椭圆形，平滑，（6.5～9）微米×（2～3）微米。
生态习性	夏秋季生多种倒木及枯树上。
分布地区	黑龙江、吉林、辽宁、内蒙古、河北、河南、陕西、甘肃、青海、西藏、四川、重庆、云南、安徽、浙江、江苏、江西、贵州、湖南、广东、广西、海南、福建、香港等地。
经济用途	幼嫩时柔软，可以食用，干时变硬。对小白鼠肉瘤180和艾氏癌的抑制率分别为90%和100%。
引证标本	东经103° 24′ 18″，北纬35° 14′ 40″，海拔2483.30米。

73 偏肿栓菌

Trametes gibbosa (Pers. : Fr.) Fr.

分类地位 非褶菌目，多孔菌科，栓菌属

中文别名 短孔栓菌

形态特征 子实体中等至大，一年生，木栓质，无柄，侧生、单生或叠生。菌盖多为半圆形或扁平形，（5～14）厘米×（7～25）厘米，往往左右相连，厚0.5～2.5厘米，基部厚达4～5厘米，表面密被绒毛，浅灰色，灰白色，近基部色深呈肉桂色，后期毛脱落，具较宽的同心环纹及棱纹，基部常有藻类附生而呈现绿色。盖缘完整、较薄，钝或波状，下侧无子实层。菌肉厚3～25毫米，白色。菌管同菌肉色，长3～10毫米，壁厚、完整，管口木材白色，外观呈长方形，宽约1毫米，放射状排列或迷路状或有沟状，有时局部呈短褶状。孢子偏椭圆形，无色，光滑，（4～6）微米×（2～3）微米。

生态习性 生于柞、榆、椴等树木的枯木、倒木、木桩上。

分布地区 东南沿海、云贵地区、两广地区、青藏高原、台湾等地。

经济用途 该菌含抗癌物，子实体热水提取物和乙醇提取物对小白鼠肉瘤180抑制率为49%，而对艾氏癌抑制率为80%。当在香菇段木上生长时，此菌往往与香菇争养料，被视为"杂菌"。

引证标本 东经103° 31′5″，北纬35° 13′41″，海拔2372.10米。

74 单色云芝
Coriolus unicolor (L. : Fr.) Pat.

分类地位 非褶菌目，多孔菌科，云芝属

中文别名 齿毛芝，单色云芝，单色革盖菌

形态特征 子实体一般小，无柄，扇形，贝壳形或平伏而反卷，覆瓦状排列，革质。菌盖宽 4～8 厘米，厚 0.5 厘米，往往侧面相连，表面白色，灰色至浅褐色，有时因有藻类附生而呈绿色，有细长的毛或粗毛和同心环带，边缘薄而锐，波浪状或瓣裂，下侧无子实层，菌肉白色或近白色，厚 0.1 厘米，在菌肉及毛层之间有一条黑线，菌管近白色、灰色，管孔面灰色到紫褐色，孔口迷宫状，平均每毫米 2 个，很快裂成齿状，但靠边缘的孔口很少开裂。担孢子长方形，光滑，无色，（4.5～6）微米 ×（3～3.5）微米。

生态习性 生于桦、杨、柳、花楸、稠李、山楂、野苹果等树的伐桩、枯立木、倒木上。

分布地区 黑龙江、吉林、辽宁、河北、河南、山西、内蒙古、陕西、甘肃、青海、安徽、浙江、江苏、湖南、广西、四川、云南、贵州、江西、福建、新疆、西藏等地。

经济用途 单色云芝可供药用，子实体含有抗癌物质，对小白鼠艾氏癌以及腹水癌有抑制作用。

引证标本 东经 103° 29′ 1″，北纬 35° 13′ 4.42″，海拔 2766.80 米。

75 褐紫囊孔菌
Hirschioporus fusco-violaceus (Schrad.) Donk

分类地位 非褶菌目，多孔菌科，囊孔菌属

中文别名 无

形态特征 子实体小，往往左右相互连接，革质稍胶质。湿时柔软，干时硬，菌盖半圆形，变瓦状叠生和形成盖，宽1～4厘米，厚1～3毫米，上面白色至灰白色，被粗毛和有环纹，边缘薄，近锯齿状。菌肉薄，厚约1毫米，子实层面淡红紫色至淡紫青色，后逐渐褪色。子实层形成薄的齿状突起，近放射状排列，长约1～2毫米。囊体长棱形，稍突越子实层表面。顶端有结晶，无色，壁稍厚，孢子长椭圆形，无色，平滑，（5～7）微米×（1.5～2）微米。

生态习性 春至秋季在高山松、马尾松以及其他树木、枕木上大量生长。

分布地区 西藏、河北、黑龙江、陕西、浙江、云南、四川、甘肃等。

经济用途 对数种树木及枕木造成危害，形成白色腐朽。往往生长在木耳、毛木耳及香菇、银耳段木上，对这几种菌的产量产生影响。另外经试验有抗癌功效，对小白鼠肉瘤180和艾氏癌的抑制率均为80%。

引证标本 东经103°31′13.8″，北纬35°14′3.13″，海拔2406.80米。

76

疣革菌
Thelephora terrestris（Ehrh.）Fr.

分类地位 非褶菌目，革菌科，革菌属

中文别名 无

形态特征 疣革菌的子实体较小或中等大，软革质，由多数扇形或半圆形、近平展的菌盖组成，肉桂色带灰色或肝褐色，或暗紫褐色，盖面粗糙，具粗毛组成的鳞片，且有环带，边缘薄，呈撕裂状或锯齿状。菌丝体是疣革菌的营养体，是一种疏松状态的绵白色的物质，存在于土表或枯枝烂叶下。疣革菌菌肉近软革质，菌丝褐色具锁状连合。疣革菌下侧子实体层面疣状突起及凹凸不平，靠近边缘似有环纹。担子近棒状，（65～90）微米×（8～10.5）微米。孢子浅锈色，不规则角形，（6～11）微米×（5～9.5）微米。具4小梗。疣革菌内侧排列着许多放射状的薄片，称为菌褶，菌褶两面能够产生单细胞的棒状担子，担子产生孢子。

生态习性 生针叶林或落叶松林或针、阔混交林中地上，丛生。

分布地区 江苏、云南、黑龙江、香港、西藏等地。

经济用途 食毒不明，可能是松等树木的外生菌根菌。

引证标本 东经103°31′39.51″，北纬35°13′8.53″，海拔2371.69米。

牛肝菌目

77 褐疣柄牛肝菌
Leccinum scabrum (Bull. : Fr.)

分类地位 牛肝菌目，牛肝菌科，疣柄牛肝菌属

中文别名 无

形态特征 柄长4～11厘米，粗1～3.5厘米，下部淡灰色，有纵棱纹并有很多红褐色小疣。孢子印淡褐色或褐色。孢子无色至微带黄褐色，长椭圆形或近纺锤形，平滑，[（11.7）15～18] 微米 ×（5～6）微米。管侧囊体和管缘囊体相似，近无色，纺锤状或棒状，（17～55）微米 ×（8.7～10）微米。

生态习性 夏秋季于阔叶林中地上单生或散生。

分布地区 黑龙江、吉林、广东、江苏、安徽、浙江、西藏、陕西、新疆、青海、四川、云南、辽宁等地。

经济用途 味道平淡，质地软和，口感较差，具有可引发胃肠炎的毒素。

引证标本 东经103°24′19″，北纬35°14′41″，海拔2479.50米。

78 长孢绒盖牛肝菌
Xerocomus rugosellus （W.F.Chiu）F.L. Tai *Boletus rugosellus* Chiu

分类地位 牛肝菌目，牛肝菌科，疣柄牛肝菌属

中文别名 小粗头牛肝菌

形态特征 子实体中等至较大。菌盖直径 4.5～14.5 厘米，扁半球形至扁平，土红褐色，表面不黏，光滑而有光泽，初期盖面粗糙渐变平整。菌肉凝白色至淡黄色，不变色，稍厚。菌管绿黄色，离生，管口角形，单孔。菌柄柱形，长 8～18 厘米，粗 0.7～2.5 厘米，有的上部渐变细，具褐色丝状条纹，顶端淡黄色，下部褐色带红色，内部实心，表面覆有白色粉状物。孢子棕色，椭圆形或近梭形，光滑，[9～12（17）]×4.5 微米～[5.5（11×4.5）]微米。

生态习性 生于混交林中地上。

分布地区 云南、福建等地。

经济用途 可食用。

引证标本 东经 103° 31′ 13.1″，北纬 35° 14′ 14.23″，海拔 2330.71 米。

79 美味牛肝菌
Boletus edulis Bull.

分类地位 牛肝菌目，牛肝菌科，牛肝菌属

中文别名 白牛肝菌，大脚菇

形态特征 子实体中等至较大。菌盖直径4～15厘米，扁半球形或稍平展，黄褐色、土褐色或赤褐色，不黏，光滑，边缘钝。菌肉白色，伤处不变色，厚。菌管白色，后呈淡黄色，直生或近弯生或凹生，管口圆形，每毫米2～3个。菌柄长5～12厘米，粗2～3厘米，近圆柱形或基部稍膨大，淡褐色或淡黄褐色，内部实心，全部有网纹或网纹占菌柄长的2/3。孢子印橄榄褐色。孢子淡黄色，平滑，近纺锤形或长椭圆形，（10～15.2）微米×（4.5～5.7）微米。管侧囊状体无色，棒状，顶端圆钝或稍尖细，（34～38）微米×（13～14）微米。

生态习性 夏秋季于林中地上单生或散生，与多种树木形成外生菌根。

分布地区 分布广泛，以西南地区多产。

经济用途 可食用。属优良野生食菌，味道鲜美。可药用，治疗腰腿疼痛、手足麻木、筋骨不舒、四肢抽搐等症状。子实体的水提取物对小白鼠肉瘤180及艾氏癌的抑制率分别为100%和90%。

引证标本 东经103° 32′ 4.8″，北纬35° 12′ 58.42″，海拔2423.10米。

80 褐盖牛肝菌
Boletus brunneissimus W. F. Chiu

分类地位 牛肝菌目，牛肝菌科，牛肝菌属

中文别名 无

形态特征 子实体中等大。菌盖直径 3～10 厘米，半球形或扁半球形，土茶褐色，干时色较暗，有小绒毛，不黏，有时表皮龟裂。菌管黄色，渐变为棕色，长约 1 厘米，每厘米15～20 个管孔，延生或离生，管孔微小，初期暗肝褐色，后变为褐色，最后退为土橙色或土黄色。菌肉黄色，伤处变蓝色，较厚。菌柄长 4～9 厘米，粗 1～2.5 厘米，近柱形，浅肉桂色，后期呈甘草黄色，其上部有密集深褐色小粒及纤维状物，但顶部光滑，有的向下渐细，基部粉红色，伤处变蓝色。孢子浅橄榄色，椭圆形，（9～12）微米 ×（4～5）微米。为外生菌根菌。

生态习性 夏秋季生于油杉、松树、栲树等混交林中地上。

分布地区 四川、云南、甘肃等地。

经济用途 可食用。

引证标本 东经 103° 31′ 12.8″，北纬 35° 14′ 3.24″，海拔 2423.90 米。

灰褐牛肝菌
Boletus griseus Forst

分类地位 牛肝菌目，牛肝菌科，牛肝菌属

中文别名 牛肝菌

形态特征 子实体中等大。菌盖直径 4.5 ～ 13 厘米，半球形后平展，淡灰褐色、灰褐色或褐色，有时带暗绿褐色，具绒毛，光滑，有时龟裂，干时边缘略反卷。菌肉白色，伤处变色。菌管白色后呈米黄色，近离生或近弯生，在菌柄周围凹陷，管口圆形，每毫米 1 ～ 2 个。菌柄长 4 ～ 12 厘米，粗 1 ～ 2 厘米，上部色淡，逐渐变灰褐色或暗褐色，柱状，基部略尖细，有时膨大，内部实心老后中空，被绒毛，有黑褐色到黑色的网纹。孢子微带黄色，长椭圆形，（9 ～ 13）微米 ×（3.9 ～ 5.2）微米。管侧囊状体近纺锤形或顶端细长，（26 ～ 38）微米 ×（8.7 ～ 12）微米。

生态习性 夏秋季于阔叶林地上群生或簇生。属树木外生菌根菌。

分布地区 云南、贵州、广西、广东、四川、福建、西藏等地。

经济用途 可食用。

引证标本 东经 103° 31′ 12.5″，北纬 35° 14′ 5.31″，海拔 2459.80 米。

82 细粉绒盖牛肝菌
Boletus tomentulosus

分类地位 牛肝菌目，牛肝菌科，牛肝菌属

中文别名 细点牛肝菌，多粉蓝牛肝菌

形态特征 子实体中等至大型。菌盖直径 6～12（15）厘米，扁半球形至近扁平，土红褐色、暗红褐色或暗褐色，有绒毛，不黏。菌肉黄色，致密，受伤处变蓝色。菌管黄色，后变淡绿黄色，直生或凹生。管口复式，每毫米 1.5～2 个。柄长 4～10（13）厘米，粗 1～2（3.5）厘米，上部黄褐色，下部褐色，顶端有细条纹，全部被细点，内部实心，圆柱形，略等粗或基部稍膨大。孢子印橄榄褐色。孢子淡黄褐色，椭圆形或近纺锤形，（12.3～14.2）微米 ×（5～5.5）微米。囊状体淡黄褐色，多呈瓶状，有的棒状，（43～52）微米 ×（7～8.7）微米。

生态习性 属外生菌根菌，夏秋季于林中地上单生。

分布地区 分布于江苏、安徽、福建等地。

经济用途 可食用，也有报道有毒。经试验有抗癌功效，对小白鼠肉瘤 180 和艾氏癌的抑制率分别为 90% 和 80%。

引证标本 东经 103° 31′ 23.8″，北纬 35° 14′ 5.13″，海拔 2377.90 米。

83 灰环黏盖牛肝菌
Suillus laricinus （Berk. in Hook.） O. Kuntze

分类地位 牛肝菌目，牛肝菌科，黏盖牛肝菌属

中文别名 铜绿乳牛肝菌

形态特征 子实体中等。菌盖直径 4～10 厘米，半球形，凸形，后张开，污白色、乳酪色、黄褐色或淡褐色，黏，常有细皱。菌肉淡白色至淡黄色，伤变色不明显或微变蓝色。菌管污白色或藕色。管口大，角形或略呈辐射状，复式，直生至近延生，伤微变蓝色。柄长 4～10 厘米，粗 1～2 厘米，柱形或基部稍膨大，弯曲，与菌盖同色或呈淡白色，粗糙，顶端有网纹，内菌幕很薄，有菌环。孢子印淡灰褐色至几乎锈褐色。孢子椭圆形、长椭圆形或近纺锤形，平滑，带淡黄色，（9.1～11.7）微米 ×（4～5）微米。管缘囊体无色至淡黄褐色，棒状，（31～46）微米 ×（7～10）微米。

生态习性 夏秋季在松林中地上散生或群生。

分布地区 黑龙江、云南、甘肃、陕西、四川、西藏等地。

经济用途 可食用。据报道对小白鼠肉瘤 180 的抑制率为 100%，对艾氏癌的抑制率为 90%，是落叶松等树木的外生菌根菌。

引证标本 东经 103° 31′ 58.48″，北纬 35° 13′ 11.87″，海拔 2363.90 米。

84 厚环乳牛肝菌
Suillus grevillei (Kl.) Sing.

分类地位 牛肝菌目、乳牛肝菌科，乳牛肝菌属

中文别名 厚环黏盖牛肝

形态特征 实体小至中等。菌盖直径4～10厘米，扁半球形，后中央凸起，有时中央下凹，光滑，黏，赤褐色到栗褐色，有时边缘有菌幕鳞片附着。菌肉淡黄色。菌管初色淡，后变淡灰黄色或淡褐黄色，伤变淡紫红色或带褐色，直生至近延生。管口较小，角形，部分复式，每毫米1～2个。柄长4～10厘米，粗0.7～2.3厘米，近柱形，上下略等粗或基部稍细，无腺点，顶端有网纹，菌环厚。孢子印黄褐色至栗褐色，孢子椭圆形或近纺锤形，平滑，带橄榄黄色，(8.7～10.4)微米×(3.5～4.2)微米。管缘与管侧囊体无色到淡褐色，散生至簇生，多棒状，(26～83)微米×(5.2～6)微米。

生态习性 秋季于松林中地上单生、群生或丛生。

分布地区 内蒙古、辽宁、吉林、黑龙江、陕西、宁夏、甘肃、新疆、台湾等地。

经济用途 可食用，产量大，便于收集利用。此菌可产生胆碱（choline）和腐胺（putrescine）等生物碱。本菌报道试验抗癌，对小白鼠肉瘤180的抑制率和艾氏癌的抑制率均为60%。与松落叶松等多种树林形成菌根。

引证标本 东经103°31′13.8″，北纬35°14′3.15″，海拔2501.83米。

85 褐环黏盖牛肝菌
Suillus luteus (L.: Fr.) Gray

分类地位 牛肝菌目，乳牛肝菌科，乳牛肝菌属

中文别名 土色牛肝菌，褐环黏盖牛肝菌，荞巴菌，滑鱼肚，松蘑

形态特征 褐环乳牛肝菌菌盖宽 4～10 厘米，幼时扁半球形，后渐平展，表面黄褐色至深肉桂色，很黏，光滑，边缘完整，偶有内菌幕残片挂于其上。菌肉淡黄色，味回甜，厚 0.8 厘米左右。菌管每厘米 20～30 个，长 0.3～0.4 厘米，管面及管里均为菜花黄色，管孔多角形，蜂窝状排列，与柄接近处凹陷，有的直生，有的菌管下延为柄上部的网纹（下延约为 0.1～0.2 厘米）。菌柄近柱形，长 2～7 厘米，粗 1.1～1.5 厘米，表面有红褐色小腺点，柄的上部为菜花黄色，下部为浅褐红色，内实，肉质。菌环浅褐色，位于菌柄上部，膜质，薄。

生态习性 生于针阔混交林、针叶林中地上，在秋冬、早春，呈散生或群生。

分布地区 主要分布于黑龙江、河北、山西、辽宁、山东、江苏、湖南、云南、新疆、西藏等地。

经济用途 可食用及药用。

引证标本 东经 103°31′13.8″，北纬 35°14′3.13″，海拔 2407.90 米。

马勃目

86 头状秃马勃
Calratia craniiformis (Sehw.) Fr.

分类地位 马勃目，马勃科，秃马勃属

中文别名 马屁包，头状马勃

形态特征 子实体小至中等大，高 4.5 ～ 7.5 厘米，宽 3.5 ～ 6 厘米，陀螺形，不孕基部发达。包被两层，均薄质，很薄，紧贴在一起，淡茶色至酱色，初期具微细毛，逐渐光滑，成熟后上部开裂并成片脱落。孢体黄褐色。孢子淡青色，上具极细的小毛，稍有短柄或短尖头，球形，直径 2.8 ～ 4 微米。孢丝与孢子同色，长，有稀少分枝和横隔，粗 1.7 ～ 6.1 微米。

生态习性 夏秋季于林中地上单生至散。

分布地区 河北、吉林、江苏、安徽、江西、福建、湖南、广东、香港、广西、陕西、甘肃、四川、重庆、云南等地。

经济用途 幼时可食。成熟后可药用，有生肌、消炎、消肿、止痛作用。

引证标本 东经 103° 24′ 17″，北纬 35° 14′ 39″，海拔 2483.80 米。

大秃马勃

Calvatia gigantea (Batsch ex Pers.) Lloyd–*Bovista gigantea* (Batsch ex Pers.) Nees

分类地位 马勃目，马勃科，秃马勃属

中文别名 巨马勃，马粪包，热砂芒

形态特征 担子果直径 15～25 厘米或更大，球形、近球形或不规则形，无柄，不育基部很小或无，由菌索固定于基物上。外包被幼时白色至污白色，后变浅黄色或淡绿黄色，初微具绒毛，后变浅黄褐色、稍带绿色调、光滑、薄、脆，成熟后开裂成不规则块状剥落，由膜状外包被和较厚内包被组成。孢体内部初白色，成熟后变硫黄色至橄榄褐色，担孢子（3.5～5.5）微米 ×（3～5）微米，卵圆形、杏仁形至近球形，浅橄榄褐色，厚壁，光滑或具细微小疣。孢丝长，稍分枝，具横隔但稀少，浅橄榄色，粗 2.5～6 微米。孢子球形，光滑，或有时具细微小疣，浅橄榄色，直径 4～6 微米。

生态习性 大秃马勃一般生长在稀灌木丛、旷野、湿草地、草原上。常发生仲夏或秋季的雨后。适宜在砂质土壤或腐朽树木、落叶、粪草、腐殖质等有机质上生长，从中吸取所需要的碳素营养、氮素营养和矿质营养。人工栽培以适生树种的木屑为主料，添加适量的麦麸、石膏等为辅料，可以满足其对营养的需要。大秃马勃也常生长在海拔 1200～2200 米处的落叶阔叶林地，上层植被有栓皮栎、漆树、锐齿栎、槲栎等，下层植物大部分为草本植物和少量灌木，荫蔽度适中，地面为沙壤土，含丰富腐殖质。每年秋末孢子弹射落入土中，次年 3～4 月孢子萌发产生菌丝，6～10 月大雨后，子实体成批发生。大秃马勃的外包被由白色变淡黄色时，孢子已开始形成，成熟后包被开裂成块脱落，露出青褐色包体。孢子往往借风、雨或其他外力冲击作用而炸裂弹出。秋末冬初，落入腐殖质沙土中的孢子由于气

温低而处于休眠状态，次年春天气温回升后孢子萌发形成菌丝。孢子能忍受水渍、干旱，极性试验表明，在 32℃ 下经 24 小时，15 天后仍能萌发，加入孢子悬浮液的沙土管保存 28 天后，萌发率仍在 60% 以上。

分布地区 分布于河北、辽宁、内蒙古、青海、山西、吉林、江苏、西藏、甘肃、云南、宁夏、新疆、河南、湖北、福建等地。

经济用途 具有清肺利咽、止血之功效，用于治疗风热郁肺咽痛、咳嗽、音哑；外用时可治疗鼻衄、创伤出血；该菌还能治疗冻疮流水、皮肤真菌感染（如足癣等）；具有抑菌、消炎、杀虫、抗肿瘤等作用。

引证标本 东经 103° 31′ 12.8″，北纬 35° 14′ 4.13″，海拔 2487.90 米。

鬼笔目

88 白环黏奥德蘑
Oudemansiella mucida (Schrad.: Fr.) Hohn

分类地位 鬼笔目，鬼笔科

中文别名 黏蘑，霉状小奥德蘑，百环蕈，白黏蜜环菌，白蜜环菌，白环菌，黏小奥德蘑

形态特征 菌盖径宽4～10厘米，幼时呈半球形，后期平展，成熟后中部微凹，而菌盖上翘，白色，极黏，但小具凝脂感，盖缘随稀疏的褶片而透出相应的条纹。菌肉白而易碎。菌褶白色，较厚，直生至弯生，有时下延，长短不等，菌柄短，长4～6厘米，粗0.3～1.5厘米，直生或弯曲，上端具宿存的白色菌环，易破碎。全柄白色，近基质处，呈淡褐色。孢子印白色。孢子球形，无色透明，壁光滑，（16～22）微米 ×（15～20）微米。褶缘囊状体与侧生囊状体均呈长棱形，顶端圆钝，（65.7～113）微米 ×（17～20）微米。

生态习性 多生于阔叶树的倒木或腐木上。

分布地区 广泛分布。

经济用途 产生黏蘑菌素（mucidin），能抗真菌，经试验有抗癌功效，对小白鼠肉瘤180及艾氏癌的抑制率分别为80%和90%。

引证标本 东经103° 31′ 20.1″，北纬35° 14′ 18.1″，海拔2323.69米。

89 白鬼笔
Phallus inpudicus L. ex. Pers.

分类地位 鬼笔目，鬼笔科，鬼笔属

中文别名 鬼笔，鬼笔菌

形态特征 白鬼笔菌蕾大，球形至卵圆形，地上生或半埋土生，直径达 5～7 厘米，粉白色，有时呈粉红色，基部有白色或浅黄色菌索。包被成熟时从顶部开裂形成菌托。担子果呈粗毛笔状，孢托高 5～17 厘米，直径 2～5 厘米，由菌柄及柄顶部的菌盖组成。菌柄白色，海绵状，中空，近圆筒形。菌盖钟状，高 2～4 厘米，直径 2～3.5 厘米，贴生于菌柄顶部并在菌柄顶部膨大部分相连，外表面有大而深的网格，成熟后顶平，有穿孔，孢子体覆盖在菌盖网格内表面，青褐色、黏稠、有草药样浓郁香气。孢子长椭圆形至椭圆形，平滑，无色或近无色，（2.8～4.5）微米 ×（1.7～2.3）微米。

生态习性 夏秋两季雨后，在林内地上群生或单生。

分布地区 分布于山西、山东、安徽、广东等地。

经济用途 具有活血、除湿、止痛之功效，常用于风湿痛。

引证标本 东经 103° 31′ 13.8″，北纬 35° 14′ 3.25″，海拔 2417.90 米。

银耳目

90 黑胶耳
Exidia glandulosa Fr.

分类地位 银耳目，黑胶菌科，黑胶菌属

中文别名 黑耳

形态特征 子实体大，黑色、胶质、扭曲，常沿着树皮裂缝平伏生长又相连接，直径 1.5～3 厘米，高 1.5～4 厘米，初期具小瘤，表面有细小的疣点。但于卵形，（13～15）微米 ×（9～11）微米。孢子腊肠形，（12～15）微米 ×（3.5～5）微米。

生态习性 春至秋季一般成群生长在杨、柳树皮上。

分布地区 河北、山西、宁夏、甘肃、青海、安徽、江苏、浙江、广西、辽宁、陕西、湖南、湖北、西藏等地。

经济用途 记载有毒，外形往往与幼小的木耳近似，在野外采食时容易混淆。在湖南曾发生过采食中毒事件。在木耳或香菇段木栽培中经常出现，因此被视为"杂菌"。

引证标本 东经 103° 31′ 36″，北纬 35° 14′ 47″，海拔 2290.29 米。

无蕈褶目

91 树舌灵芝

Ganoderma applanatum (Pers.) Pat.

分类地位 无覃褶目，多孔菌科，灵芝属

中文别名 树舌扁灵芝，老母菌，枫树菌，皂夹菌，树舌，老木菌，扁芝，扁覃，扁木灵芝，枫树芝，柏树芝，柏树菌，梨菌，平盖灵芝，药用点火菌

形态特征 子实体大型或特大型。无柄或几乎无柄。菌盖半圆形，扁半球形或扁平，基部常下延，宽（5～35）厘米×（10～50）厘米，厚1～12厘米，表面灰色，渐变褐色，有同心环纹棱，有时有瘤，皮壳胶角质，边缘较薄。菌肉浅栗色，有时近皮壳处后变暗褐色，菌孔圆形，每毫米4～5个。孢子双层壁，外壁无色、内壁褐色、黄褐色，有刺，卵圆形，一端近平截，（7.5～10）微米×（4.5～6.5）微米。

生态习性 生于多种阔叶树、枯立木、倒木和树桩上。多年生，寿命可达20余年或更长。

分布地区 河北、山西、山东、黑龙江、吉林、江苏、内蒙古、陕西、甘肃、青海、新疆、西藏、四川、云南、河南、湖南、湖北、贵州、浙江、福建、台湾、广西、广东、海南、香港等地。

经济用途 可药用。在中国和日本民间作为抗癌药物，中国传统保健品。可以治疗风湿性肺结核，有止痛、清热、化积、止血、化痰之功效。经试验有抗癌功效，对小白鼠肉瘤180的抑制率为64.9%。产生草酸和纤维素酶，可应用于轻工业、食品工业等。

引证标本 东经103°31′39″，北纬35°14′50″，海拔2288.69米。

马勃菌目

92 铅色灰球菌
Bovista plumbea Pers.

分类地位 马勃菌目，马勃菌科，灰球菌属

中文别名 铅色灰球

形态特征 子实体小。直径 1.5 ～ 3 厘米，球形、扁桃形，基部由一丛菌丝束固定在地上，成熟后脱离地面而随风四处滚动。外包被白色，薄，成熟后全部成片脱落。内包被深鼠灰色，薄，光滑，顶端不规则状开口。孢体浅烟色至深烟色。孢子褐色，光滑，有大油球，近球形至卵形，（5 ～ 7.5）微米 ×（4.5 ～ 6）微米，小柄透明。

生态习性 生于草原上，有时生于林中草地上，单生或群生。

分布地区 分布于河北、甘肃、青海、新疆、云南、西藏等地。

经济用途 幼时可食用。药用于外伤消炎、解毒、止血等。

引证标本 东经 103° 30′ 15″，北纬 35° 14′ 6″，海拔 2389.60 米。

蜡钉菌目

93 黄地勺菌
Spathularia flavida Pers.: Fr.

分类地位 蜡钉菌目，地舌菌科，地勺菌属

中文别名 地勺

形态特征 子囊果肉质，较小。高 3～8 厘米，有子实层的部分黄色或柠檬黄色，呈倒卵形或近似勺状，延柄上部的两侧生长，宽 1～2 厘米，往往波浪状或有向两侧的脉棱。菌柄色深，近柱形或略扁，基部稍膨大，粗 0.3～0.5 厘米，长 2～5.5 厘米。子囊棒状，（90～120）微米 ×（10～13）微米。孢子成束，8 枚，无色，棒形至线形，多行排列，（35～48）微米 ×（2.5～3）微米。侧丝线形，细长的顶部粗约 2 微米。

生态习性 夏秋季在云杉、冷杉等针叶林中地上成群生长，往往生于苔藓间。

分布地区 吉林、黑龙江、西藏、新疆、四川、山西、陕西、甘肃、青海、内蒙古等地。

经济用途 有记载可食用。与树木形成外生菌根。

引证标本 东经 103° 31′ 13.3″，北纬 35° 14′ 4.13″，海拔 2423.75 米。

花耳目

94 黄花耳

Dacryomyces aurantius (Schw.) Farl.

分类地位 花耳目，花耳科，花耳属

中文别名 桂花耳

形态特征 实体小，往往成一小团，表面有不规则沟纹和皱褶，似大脑状，柔软胶质，半透明至透明，鲜橙黄色，直径 2 ~ 3.5 厘米，子实层生于表面。担子分叉，细长，（51 ~ 76）微米 ×（2.5 ~ 3）微米，带黄色。孢子黄色，光滑，椭圆形弯曲，横隔多达 10 个，再分隔呈砖隔状，[（15）17 ~ 20] 微米 ×（5.4 ~ 7.6）微米。

生态习性 夏秋季多在针叶树腐木上单个或成群生长。

分布地区 吉林、安徽、广东、四川、云南等地。

经济用途 可食用。该菌在云南作为滋补品，与冰糖共煮食味较美。含有胡萝卜素。

引证标本 东经 103° 31′ 13.8″，北纬 35° 14′ 5.23″，海拔 2452.90 米。

革菌目

95 干巴菌
Thelephora ganbajun Zang

分类地位 革菌目，革菌科，革菌属

中文别名 干巴革菌

形态特征 干巴菌具有革菌科的典型特征，全菌干燥革质，从基部分出扇状或莲座状瓣片，子实层既不成孔状，也不呈褶片状，而是表面光滑或具疣状突起。

生态习性 夏秋季生于松林中地下。

分布地区 滇中高原，主产地为昆明的玉溪、曲靖、楚雄，其次为思茅、丽江、保山、大理，此外在贵州西部及四川南部的局部地区有少量分布。

经济用途 仅在滇中及邻近地区有食用干巴菌的习惯，国内外对干巴菌类高经济价值真菌的研究不多，且主要集中在分类、菌种分离、营养成分测定、生态学研究等方面，有关遗传多样性、人工栽培、原生境促繁等方面的研究较少。

引证标本 东经 103° 31′ 13.8″，北纬 35° 14′ 3.13″，海拔 2406.80 米。

参考文献

［1］杜懿玲.中国食用菌志［M］.北京：中国林业出版社，1991.

［2］小五台山菌物科学考察队.河北小五台山菌物［M］.北京：中国农业出版社，1997.

［3］中国科学院微生物研究所.真菌名词及名称［M］.北京：科学出版社，1976.

［4］李渤生.南迦巴瓦峰地区生物［M］.北京：科学出版社，1995.

［5］王云，谢支锡.东北地区乳菇属的初步研究［J］.真菌学报，1984，（02）：19-24.

［6］邓叔群.中国的真菌［M］.北京：科学出版社，1963.

［7］刘波.山西大型食用真菌［M］.太原：山西高校联合出版社，1991.

［8］刘正南.东北经济真菌资源调查［J］.食用菌，1986，（06）：9-11.

［9］刘波，杜复，曹晋忠.马鞍菌属新种和新组合［J］.菌物学报，1985，（04）：14-23.

［10］刘培贵.内蒙古大青山食用菌资源调查［J］.中国食用菌，1990，9（05）：3.

［11］毕志树.广东大型真菌志［M］.广州：广东科技出版社，1994.

［12］毕志树，郑国扬.粤北山区大型真菌志［M］.广州：广东科技出版社，1990.

［13］毕志树，郑国扬，李崇，等.我国鼎湖山小皮伞属的分类研究［J］.真菌学报，1994，42（01）：29-36.

［14］宋刚.贺兰山的主要食用菌［J］.中国食用菌，1992，（01）：26.

［15］张树庭，卯晓岚.香港蕈菌：Hong Kong Mushrooms.［M］.香港：

香港中文大学出版社，1995.

［16］李文虎，秦松云.四川大型真菌资源调查研究［J］.真菌学报，1991，（03）：208-216.

［17］李建宗.湖南大型真菌志［M］.长沙：湖南师范大学出版社，1993.

［18］李茹光.吉林省有用和有害真菌［M］.长春：吉林人民出版社，1980.

［19］杨文胜.包头地区的食用和药用真菌［J］.食用菌，1990，（06）：4-5.

［20］连俊文.内蒙古大兴安岭食用菌资源［J］.中国食用菌，1994，（05）：19-20.

［21］周以良.中国东北鬼笔菌属的研究［J］.植物分类学报，1954，3（01）：71-73.

［22］赵震宇，卯晓岚.新疆大型真菌图鉴［M］.乌鲁木齐：新疆八一农学院，1991.

［23］谢支锡，王云，王柏.长白山伞菌图志［M］.长春：吉林科学技术出版，1986.

［24］戴芳澜.中国真菌总汇［M］.北京：科学出版社，1979.

［25］魏景超.真菌鉴定手册［M］.上海：上海科学技术出版社，1979.

［26］卯晓岚.中国大型真菌［M］.郑州：河南科学技术出版社，2000.

［27］林晓民，李振岐，侯军.中国大型真菌的多样性［M］.北京：中国农业出版社，2005.

［28］刘旭东.中国野生大型真菌彩色图鉴［M］.北京：中国林业出版社，2002.

［29］中国科学院青藏高原综合科学考察队.川西地区大型经济真菌［M］.北京：科学出版社，1994.

［30］应建浙，臧穆.西南地区大型经济真菌［M］.北京：科学出版社，
1994.

［31］袁明生，孙佩琼.中国蕈菌原色图集［M］.成都：四川科学技术
出版社，2007.

［32］卯晓岚.中国蕈菌［M］.北京：科学出版社，2009.

［33］张中义，张陶.中国真菌志［M］.北京：科学出版社，2014.

［34］黄年来.中国大型真菌原色图鉴［M］.北京：中国农业出版社，
1998.

［35］吴兴亮.贵州大型真菌［M］.贵阳：贵州人民出版社，1989.

［36］应建浙.中国药用真菌图鉴［M］.北京：科学出版社，1987.

［37］邓叔群.中国的真菌［M］.北京：科学出版社，1963.

［38］刘波.中国药用真菌［M］.北京：人民卫生出版社，1984.

［39］戴芳澜.真菌的形态和分类［M］.北京：科学出版社，1987.

［40］毕志树，李泰辉，章卫民，等.海南伞菌初志［M］.广州：广东
高等教育出版社，1997.

［41］戴玉成.中国林木病原腐朽菌图志［M］.北京：科学出版社，
2005.

［42］卯晓岚.中国经济真菌［M］.北京：科学出版社，1998.

［43］姚一建，李玉.菌物学概论［M］.北京：中国农业出版社，2002.

［44］Cui B. Phylloporia（Basidiomycota, Hymenochaetaceae）in China［J］.
Mycotaxon, 2010, 113.

［45］Dai Y C, Cui B K, Yuan H S, et al. Pathogenic wood–decaying fungi in
China［J］. Forest Pathology, 2007.

［46］Dai Y C, Cui B K, Yuan H S. Trichaptum（Basidiomycota, Hymenochaetales）
from China with a description of three new species［J］. Mycological
Progress, 2009, 8（4）: 281.

［47］Dai Y C, Wei Y L. Polypores from Hainan Province（1）［J］. Journal of Fungal Research, 2004.

［48］Dai Y C, Wu S H, He S H. A Preliminary Study on Corticioid Fungi in Hainan Province［J］. Journal of Fungal Research, 2010.

［49］M. Härkänen, T. Niemelä, L. Mwasumbi. Tanzanian mushrooms. Edible, harmful and other fungi［J］. Mycologist, 2005, 19（3）: 134.

［50］Corner E J H. Phylloporus Quél. and Paxillus Fr. in Malaya and Borneo ［M］. Lehre: J. Cramer, 1970.

［51］Singer R, Corner E J H. The agaric genera Lentinus, Panus, and Pleurotus, with particular reference to Malaysian species［J］. Mycologia, 1983, 75: 575.

［52］Gilbertson R L, Ryvarden L. North American Polypores. Vol. I. –［M］. Oslo: Fungiflora, 1986.

附录

大型真菌采集与鉴别工作

▼大型真菌采集团队合影

▲郭鹏辉教授采集大型真菌标本

▲郭鹏辉教授与采集到的大型真菌

▲团队成员开展大型真菌采集与鉴别工作

▲郭鹏辉教授与大型真菌采集队员

▲郭鹏辉教授讲解大型真菌形态学鉴定方法

▲团队成员对大型真菌形态学特征进行记录

▲郭鹏辉教授带领团队的年轻成员开展大型真菌采集与鉴别工作

▲团队成员进行大型真菌采集工作

▲太子山保护站工作人员寻找大型真菌

太子山工作人员进行大型真菌搜寻工作

▲太子山工作人员对采集的数据进行记录

▲团队成员对大型真菌进行拍照记录

▲太子山工作人员开展数据记录工作

▲太子山风景照 1

太子山风景照 2

▲太子山风景照 3

太子山风景照 4

附录

▲太子山风景照 5

　　在这本图鉴完成之际，我首先想感谢所有参与其中的人员，本书得到了甘肃太子山国家级自然保护区管护中心黄晨翔、支祥、妥永华、马兴国、马文、陈世豪、马得俊、王吉平、敏正龙及其他工作人员的大力帮助与支持，在此深表感谢！本书也得到了甘肃省科技计划项目（23CXNA0045）、甘肃省高校青年博士支持项目（2023QB-002）、兰州市人才创新项目（2023-RC-47）、西北民族大学中央高校基本科研业务费项目（31920230027，31920220025，31920240048）、西北民族大学校级科研创新团队项目的资助与支持。西北民族大学杨具田教授、臧荣鑫教授、蔡勇教授、高丹丹教授、欧阳霞辉副教授、徐琳教授、徐红伟副教授、曹忻教授、柴薇薇副教授、合志鸿、赵宇新、李忠羽、吴海鹏、南洋、郑周圣、马弘一、陈宏福、张俊松、丰王妹、焦娜、李嘉琳、王涵悦、陈信如等人参加了野外考察和菌种鉴定等工作。他们的辛勤工作和无私奉献为本书提供了丰富、准确的图片和数据，使得本书更加生动形象，在此表示诚挚的感谢和崇高的敬意！最后我还要感谢出版社的编辑和设计师们，他们为本书的出版付出了辛勤的努力和宝贵的时间。他们的专业精神和精湛技艺使本书得以呈现出高质量的成果。

　　总之，这本大型真菌图鉴的完成离不开众多热心人士的支持和帮助，再次向他们表示最诚挚的感谢和敬意。愿我们共同努力，保护和利用好这些珍贵的真菌资源，为践行习近平生态文明思想，牢固树立"绿水青山就是金山银山"的发展理念贡献自己的力量！

　　在编写这本书的过程中，我们遇到了许多挑战。首先，大型真菌的种类繁多，形态各异，很难在有限的篇幅里全面覆盖。其次，由于真菌的生活习性多样，有些种类对人类有害，因此在描述和鉴别时需要格外小心，确保信息的准确无误。然而，尽管面临困难，我们仍然坚持下来，尽可能地将大型真菌的多样性、生态习性和鉴别特征呈现给读者。

这本书的目的是让更多的人认识和了解大型真菌，让我们对这些生活在我们身边的生物有更深入的理解。尽管真菌在自然界中扮演着重要的角色，但由于它们的特殊生活方式和形态，许多人对它们并不了解。大型真菌是一个非常丰富和多样的类群，它们分布广泛，从森林到草原，从淡水到海水，都有它们的身影。它们是地球生态系统中的重要成员，对于维持生态平衡起着至关重要的作用。同时，许多大型真菌也具有重要的经济价值，如食用菌和药用菌等。

然而，由于真菌的形态多样，且很多种类的识别非常困难，因此这本书只能涵盖大型真菌的一部分。对于那些未被包含在内的种类，希望读者能够和我们一起努力，通过不断学习和研究，逐渐揭开它们的神秘面纱。

在这本书的出版过程中，我也深感欣慰。我看到越来越多的人对大型真菌产生了兴趣，这让我深感骄傲。我希望这本书能够激发更多人对大自然的热爱，让更多人了解并保护我们共同的生态环境。最后，我希望这本书能够激发起大家对大型真菌的热爱和好奇，让我们共同保护和珍爱这些美丽而神秘的生物。